誰も教えてくれなかったアジャイル開発

Agile

シグマクシス
アジャイル開発マネジメントチーム
堀哲也　稲荷裕　木村秀顕
柴嵜秀算　廣瀬志保　石橋正裕

日経BP

はじめに

「『ちゃんとしたアジャイル』って、やったことないんですよ」

「うちの会社には、アジャイルはまだちょっと早いかもしれませんね」


アジャイル開発といえば、こういった弱気な声ばかりが聞こえてくる。

ビジネスコンサルティングを手掛けるシグマクシスはコンサルティングサービスの一環として、ウオーターフォール型開発で情報システムを構築してきた企業向けに、アジャイル開発の方法を紹介する研修を開催している。受講者は情報システム部門や事業部門の人であり、発注者としてシステム開発プロジェクトを管理・推進する立場にいるケースが多い。冒頭の発言は、そのアジャイル研修でよく耳にする受講者の声である。

1つ目の声は、アジャイル開発の方法論の1つである「スクラム（Ｓｃｒｕｍ）」を厳格に適用したプロジェクトこそが「ちゃんとしたアジャイル」であると捉え、それに対して自分たちが実際に携わっているプロジェクトの実態とのギャップから出た発言であろう。

2つ目の声は、「トップダウンで組織を変革し、アジャイル開発に成功」といった成功事例と自社の状況を比べた結果の、諦めに近い発言である。いずれも、アジャイル開発を実施するうえでの心理的ハードルの高さや、実施した結果を「成功事例」として周りに広めることの難しさを示している。

アジャイル開発の基本的な考え方を17人の著名なソフトウエアエンジニアがまとめ、アジャイル開発の出発点となった「アジャイルソフトウェア開発宣言」が公表されたのが2001年。そこには「プロセスやツールよりも個人との対話を価値とする」「包括的なドキュメントよりも動くソフトウエアを価値とする」「契約交渉よりも顧客との協調を価値とする」「計画に従うことよりも変化への対応を価値とする」とある。

同宣言から20年たった今、様々な文脈で「アジャイル」という単語を目にするようになった。サービス開発から業務改善、組織変革に至るまで、アジャイルの考え方をどう取り入れるかといった方法や実際の成功事例など、多くの情報であふれている。一方で「本家」であるソフトウエア開発についてはどうだろうか。スマートフォンのアプリやゲームなど新しいジャンルでの成功事例は多いものの、「企業の情報システムをアジャイル開発で刷新し、DX（デジタルトランスフォーメーション）に成功した」という類いの事例があふれている状態ではない。

原因は様々あるが、大きなものとして、世にあるアジャイルに関する情報の多くが、開発者向けの技術要素が強いものか、組織論・文化論といった概念的なもので占められており、実際にシステム開発プロジェクトの推進を担当するシステム部門や事業部門の担当者がすぐに使えるノウハウを紹介したものが少ないことがあるだろう。企業の情報システムを担うシステム部門や事業部門の部員にこそ、もっとアジャイル開発を理解し、身近に感じ、そして実践してほしいと我々は考えている。

魔法の杖ではない

シグマクシスのメンバーは企業のシステム開発プロジェクトにおいて、プロジェクトマネジャーを支援しつつプロジェクトを推進する組織である「PMO（プログラム・マネジメント・オフィス）」にビジネスコンサルタントとして参画し、企業と開発ベンダーとの間に立ちながら開発プロジェクトを推進する役割を担うケースも多い。従来はウオーターフォール型開発プロジェクトが多かったが、ここ数年はアジャイル開発プロジェクトにも多数携わるようになった。

プロジェクトを成功させるための準備として我々自身も数々の研修を受講し、書籍を読みあさり、経験者からアドバイスをもらい、成長してきた。そうして臨んだ数々のプロジェクトで得た体験や学びは、「開発者」としてではなく「推進者」としてプロジェクトを成功に導く責務を負った方々にこそ有益なのではと考え、本書を執筆し始めた次第だ。

本書では「アジャイル開発は何でもできる」とは言わない。また「洗練されたアジャイル開発の環境」を紹介することもない。アジャイル開発は魔法の杖ではなく道具をそろえれば成功するわけでもないからだ。ただ我々が数々の実体験から自信を持って言えるのは、アジャイル開発は間違いなく「実際に手の届くところにある現実的な解決手段の1つ」であるということだ。

今回、我々は実体験を「基礎編」「実践編」「応用編」の3つに整理した。「基礎編」では、実際にプロジェクトを推進する現場の視点からアジャイル開発の基本的な考え方を紹介し、教科書通りに進まない場合の対応方法もまとめた。

「実践編」では、きょうから使える現場のノウハウをプロジェクトのシーンごとにまとめた。「応用編」では、ウオーターフォール型開発とアジャイル開発のハイブリッド開発や、ローコード開発やＳａａＳ（ソフトウエア・アズ・ア・サービス）活用、サービス開発におけるアジャイル開発の適用についての注意点を解説している。

必ずしも順番に読んでいただく必要はなく、「今困っているところ」から読み進められるように工夫している。実行できそうな内容を今すぐにでも取り入れていただき、プロジェクトの成功に貢献できれば何より幸いである。

「アジャイル開発」とは

そもそも「アジャイル開発」とは何か。一般には「ソフトウエア工学において迅速かつ適応的にソフトウエア開発を行う軽量な開発手法群の総称」とされている。開発現場寄りに言い換えれば、短い開発サイクルでプログラムをリリースし続け、エンドユーザーのフィードバックを受けながら改修を重ねることで、アウトプットを洗練させていく開発手法だ。

アジャイル開発では、２週間から１カ月ほどの短期の開発サイクルを設定する。これを「イテレーション」または「スプリント」と呼ぶ。プログラムの開発要件を分解し、各イテレーションに割り振る。1イテレーションの中で実装したプログラムをエンドユーザーがその都度確認する。このサイクルを繰り返し、ユーザーにとって価値のあるものを短期間でスピーディーに提供し続ける。

アジャイル開発の特徴とは

アジャイル開発の特徴は、エンドユーザーのフィードバックを受けながら要件やゴール（成果物）を柔軟に変更する点にある。従来のウオーターフォール型開発はプロジェクト開始時に全体の作業計画を決める。一方、アジャイル開発ではプロジェクト開始時点では全体の作業計画は概要にとどめ、直近の計画をつくり込み、これを継続的に見直すことで、全体の作業計画をつくり上げる。その過程で当初イメージしていたゴールが変更になるケースも多い。また、アジャイル開発では、ウオーターフォール型開発のようにドキュメントを網羅的に作成しないため、チームの外からはプロジェクトの状況把握が難しいとされる。

このようなことから、アジャイル開発の手法は、中央集権型で計画重視の組織にはフィットしにくいと考えられており、多くのアジャイル方法論はアジャイル開発を採用するには、まず企業の組織や文化の変革が必要だと説いている。

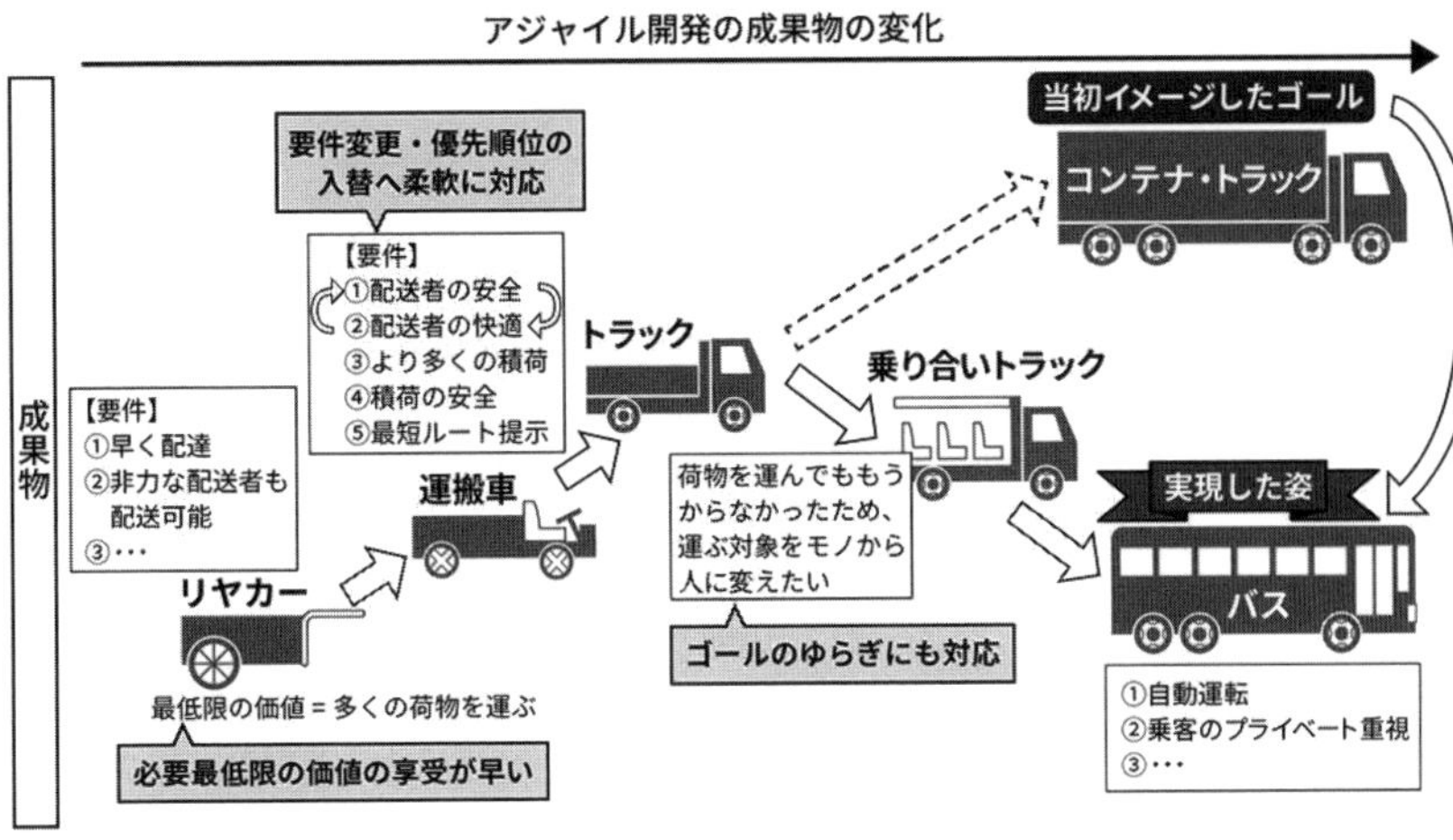

図　アジャイル開発の進み方

要件やゴール（成果物）を柔軟に変化させながら進める（出所：シグマクシス）

表　本書で登場する役割と所属集団の対比

役職・役割	説明	所属する集団（○印の集団に所属している）				
		開発メンバー	開発チーム	アジャイルチーム	ステークホルダー	プロジェクト関係者
プロダクトオーナー（PO）	アジャイルチームの責任者。アジャイルチームのアウトプットを最大化する責任を負う			○		○
代理プロダクトオーナー（PPO）	POの代理としてPOの役務を実質的に遂行する			○		○
開発リーダー	開発者のとりまとめ役であり、開発タスクの管理者		○	○		○
開発メンバー	開発タスクの実行者。開発メンバーの呼称は個人または集団のどちらでも使用	○	○	○		○
関連部門担当役員	システム部門などのバックオフィス部門や、直接のユーザー部門ではないが周辺システムや関連規則、会計などで該当システムに関係する部門の担当役員				○	○
関連部門長	システム部などのバックオフィス部門や、直接のユーザー部門ではないが、周辺システムや関連規則、会計などで該当システムに関係する部門の部門長				○	○
ユーザー部門担当役員	実際にシステムを使う部門の担当役員				○	○
ユーザー部門長	実際にシステムを使う部門の部門長（部長クラスを想定）				○	○
ユーザー部門代表者	システム開発に当たり、実際にシステムを使う人の要望を取りまとめる役割を担う代表者・代弁者				○	○
エンドユーザー	実際にシステムを使う人					
顧客	企業にとっての顧客、BtoC（消費者向け）システムの場合はシステム利用者を兼ねる					

誰も教えてくれなかったアジャイル開発

第3部 応用編

第 1 部

基礎編

第1章

アジャイル開発「事始め」で押さえるべき5つの要点
組織・文化はそのままで問題なし

アジャイル開発の出発点である「アジャイルソフトウェア開発宣言」の公表から20年がたった。近年のデジタルトランスフォーメーション（DX）推進の潮流を受け、環境の変化に柔軟に対応できるアジャイル開発が再び脚光を浴びている。

実際に我々が所属するシグマクシスでもアジャイル開発を適用したプロジェクトの支援が増えている。一方でDX案件でも慣れ親しんだウオーターフォール型開発を選ぶケースが多いのもまた事実である。これは、「組織や文化を変革しないと成功しない」「要件が明確な業務システムであるSoR（System of Record）領域には適用しにくい」といったアジャイル開発の「印象」が影響していると考えられる。

本書ではアジャイル開発に慣れていない日本企業のIT部門向けに、組織や文化を変革せずに、SoR領域でアジャイル開発を成功させるためのノウハウを詳解する。基礎編の第1章はアジャイル開発を実践するうえで、取り組む前に最低限知っておきたい5つのポイントを解説しよう。

ポイント１

アジャイルの解釈は「人それぞれ」

「アジャイル開発」と聞いてまず何を連想するだろうか。

よく言われるのが、「早い」「安い」の2点だが、これらはあくまでイメージにすぎない。「何が早いのか」「なぜ安いのか」について正しく理解していなければ、「早い」「安い」は単なる個人の先入観であり、往々にしてプロジェクトの足をひっぱる原因となる。

「早い」については「システム『全体』の稼働タイミングが早まること」と勘違いしているケースが多くみられる。アジャイル開発のアプローチは、全体の一部分であっても、まずは動くソフトウエアをエンドユーザーに「早く」使ってもらい、エンドユーザーのフィードバックを「素早く」反映して完成に近づけるサイクルを繰り返すというもの。すなわち、完全に要件を満たしたシステム全体を一斉稼働させるウオーターフォール型開発に比べて、アジャイルだと短い期間でシステムが完成するわけではない。

「安い」については「システム構築・保守費用の『総額』が下がる」と解釈されがちだ。これには理由がある。経験上、同規模のシステムに関してアジャイル開発はウオーターフォール型開発より費用が極端に高くはなることはない。

アジャイル開発は素早くフィードバックを得ることで必要な機能に絞り込んで開発し、常にソフトウエアのスコープやつくり込み具合を判断し続け、優先順位に沿って開発を進めていくからこそ、目標予算内でコントロールできるのである。アジャイルだから即「安い」というわけではない。

誤った先入観があつれきを生む

誤ったイメージはまだある。日本プロジェクトマネジメント協会が2012年に発表した「アジャイル開発における誤解と真実」に記されていたよくある誤解は今も根強く残る。例えばアジャイル開発は「計画を立てない」「ドキュメントが要らない」「プロジェクトマネジャーが要らない」といった誤解だ。

プロジェクトを取り巻くプロジェクト関係者、特にプロジェクトを評価する関連部門担当役員・部門長層がこのような誤った先入観を持っていると、当然、期待値が一致しないままプロジェクトが進んでいく。その結果、「当初予定したスピードや内容でプロジェク

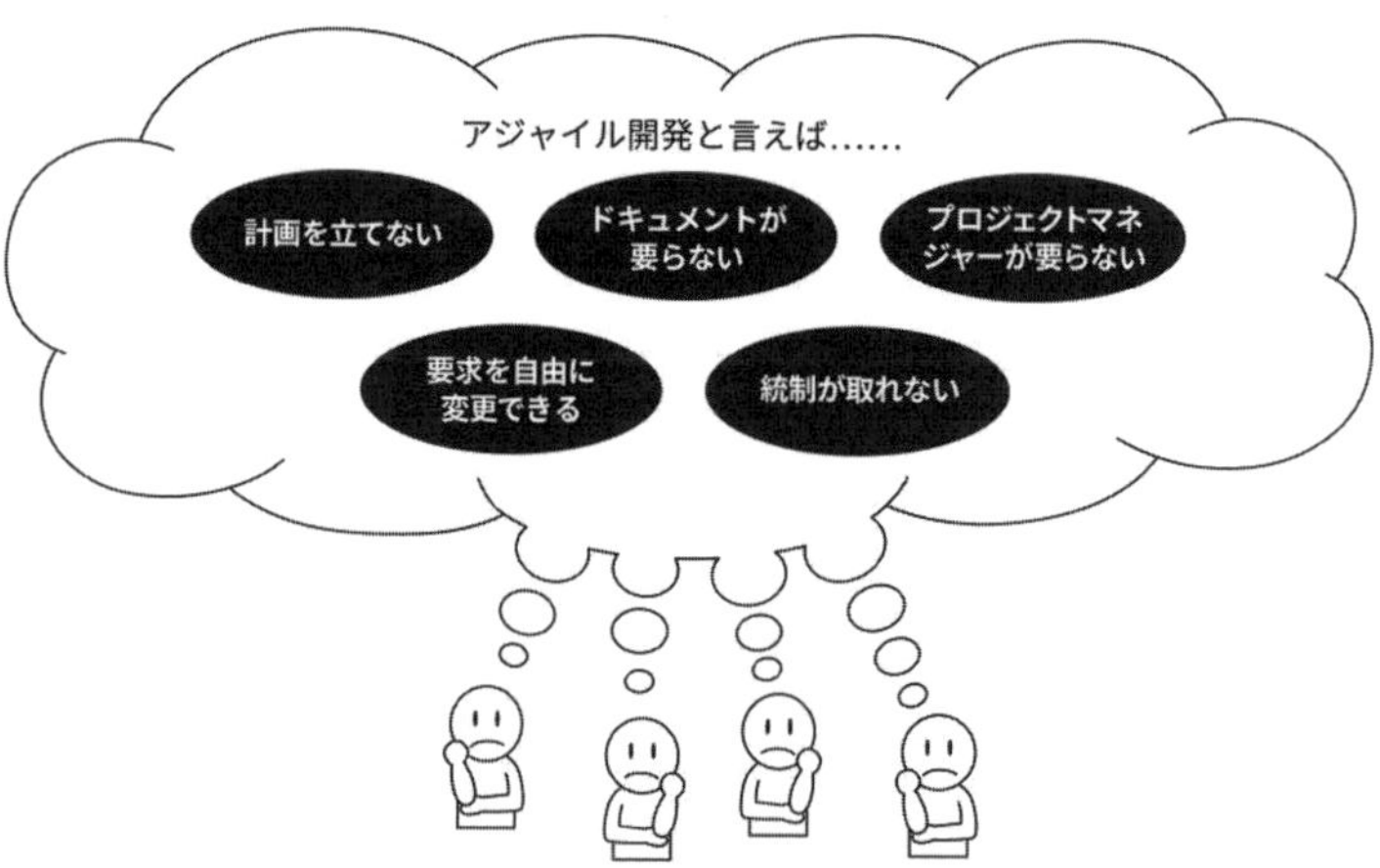

アジャイル開発と言えば……
計画を立てない
ドキュメントが要らない
プロジェクトマネジャーが要らない
要求を自由に変更できる
統制が取れない

図　アジャイル開発に対するよくある誤解
誤ったイメージがいまだに残る
（出所：日本プロジェクトマネジメント協会『アジャイル開発に対する誤解と真実』を基にシグマクシス作成）

トが進捗していない」と判断し、アジャイル開発では本来必要ないリカバリー作業や報告などに現場の工数が取られるケースも生じる。

プロジェクト関係者でアジャイル開発の特性について理解を一致させておくことは、プロジェクトの開始段階で時間をかけて行うべき重要なステップである。

ポイント２

「教科書通り」は存在しない

ここまで「アジャイル開発」と一言で話を進めてきたが、アジャイル開発とは単一の開発手法を表す言葉ではなく、複数の開発手法の総称である。米ｄｉｇｉｔａｌ．ａｉ（デジタルエーアイ）が２０２０年５月に公表した調査結果によれば、数多くあるアジャイル開発手法の中で最も採用されているのは「スクラム」で、約６割のアジャイル開発プロジェクトが使っているという。

スクラムの提唱者たちは自らが編さんしてウェブ上で無償公開している『スクラムガイド』において、スクラムチームを定義している。分かりやすく言い換えると次のようになる。

スクラムチームを構成するのは、ユーザー側の代表者としてプロダクトの価値を最大化することの結果に責任を持つ「プロダクトオーナー」と、開発者側の代表者としてスクラムを確立させることの結果に責任を持つ「スクラムマスター」、それと開発メンバーである。スクラムチームは自己組織化されており、作業を成し遂げるための最善の策を、チーム外からの指示ではなく、自分たちで選択する。同時にスクラムチームは機能横断的でもあり、チーム以外に頼らずに作業を成し遂げる能力を持っている――。

組織や文化を変革しないとアジャイル開発は成功しないのか

実際に日本企業がスクラムに取り組む場合、どのようなスクラムチームが組まれているだろうか。多くの場合、プロダクトオーナーはユーザー企業の社員が担当するものの、プロジェクト専任ではなく兼任者、スクラムマスターと開発メンバーはITベンダーの社員となりがちだ。「教科書」と異なる理由は、スクラムガイドは米国の雇用形態やソフト開発事情を前提としているからだ。

スクラムガイドでは、プロダクトオーナーは1人の人間であり委員会ではないと定義している。これに対し、日本企業では合議制の意思決定が通例であるため、プロダクトオーナーは1人の専任者でなく、複数の兼任者で構成されがちなのだ。その結果、スクラムで開催しなければいけないとされるイベント（会議）の参加者も増え、イベント開催の調整に時間がかかり、本来の開発スピードを出せなくなる場合もある。

多くのスクラムプロジェクトでスクラムマスターや開発メンバーにITベンダーの社員を充てる理由は、ユーザー企業にアジャイル開発者が不足しているからである。開発や保守で技術者を外部委託するのは珍しいことではないが、スクラムにおいてもウオーターフォール型開発と同様に会社間の責任範囲を明確化した請負契約を結んでしまうと、スクラムで取り組むべきだとしている自己組織化したチームとは程遠いものになってしまう点には注意が必要だ。

「自己組織化したチームへの権限の委譲こそがアジャイル開発成功の鍵」。そう言われる一方で、前述のような意思決定の文化や組織における社員構造、外部協力会社との契約形態などがネックとなり、日本企業で「理想のスクラムチーム」を組めるケースは限りなく少ない。

先述のデジタルエーアイの調査によると、アジャイル発祥の地である米国でも、アジャイル導入時の課題として、組織・文化や人材に起因する課題が上位を占めている。日本企業においても、我々がプロジェクトの支援現場やアジャイル開発の研修の場で状況を聞く限り、アジャイル開発が失敗している原因はそこにあると判断できる。だからこそ「組織や文化を変革しないとアジャイル開発は成功しない」と敬遠する企業がいまだに多いのだ。

しかし、本当に教科書通りに実践しないとアジャイル開発を成功できないのか。必ずしもそうではなく、日本企業の組織や文化を踏まえたうえで「成功するアジャイル開発」がある。

ポイント3

まずは小さい成功事例をつくる

成功するアジャイル開発を説明するに当たり、日本企業の「特色」を押さえておく必要がある。日本企業の多くは伝統的に中央集権型のピラミッド組織である。長年の工夫で、トップの指示命令が現場まで正しく伝わり、また現場の課題がトップに速やかに吸い上げられるようになっているケースが多い。

一方、アジャイル開発の前提はそうした中央集権型の上意下達ではなく、チームが自律的に活動する点にある。現場に近いチームが迅速かつ現実的に判断することで、大きな価値を生み出すという考え方だ。

中央集権型組織の中で、ある特定のチームだけが自律して課題を自己解決しながら進めば進むほど、上からは「何をやっているのか分からない」という不信感を、下からは「十分な指導を受けられない」という不安をそれぞれ抱かれてしまう。中央集権型組織と自律型組織の善しあしは置いておくとして、中央集権型組織の中で自律型のアジャイルチーム（プロダクトオーナー、開発リーダーおよび開発メンバーで構成）

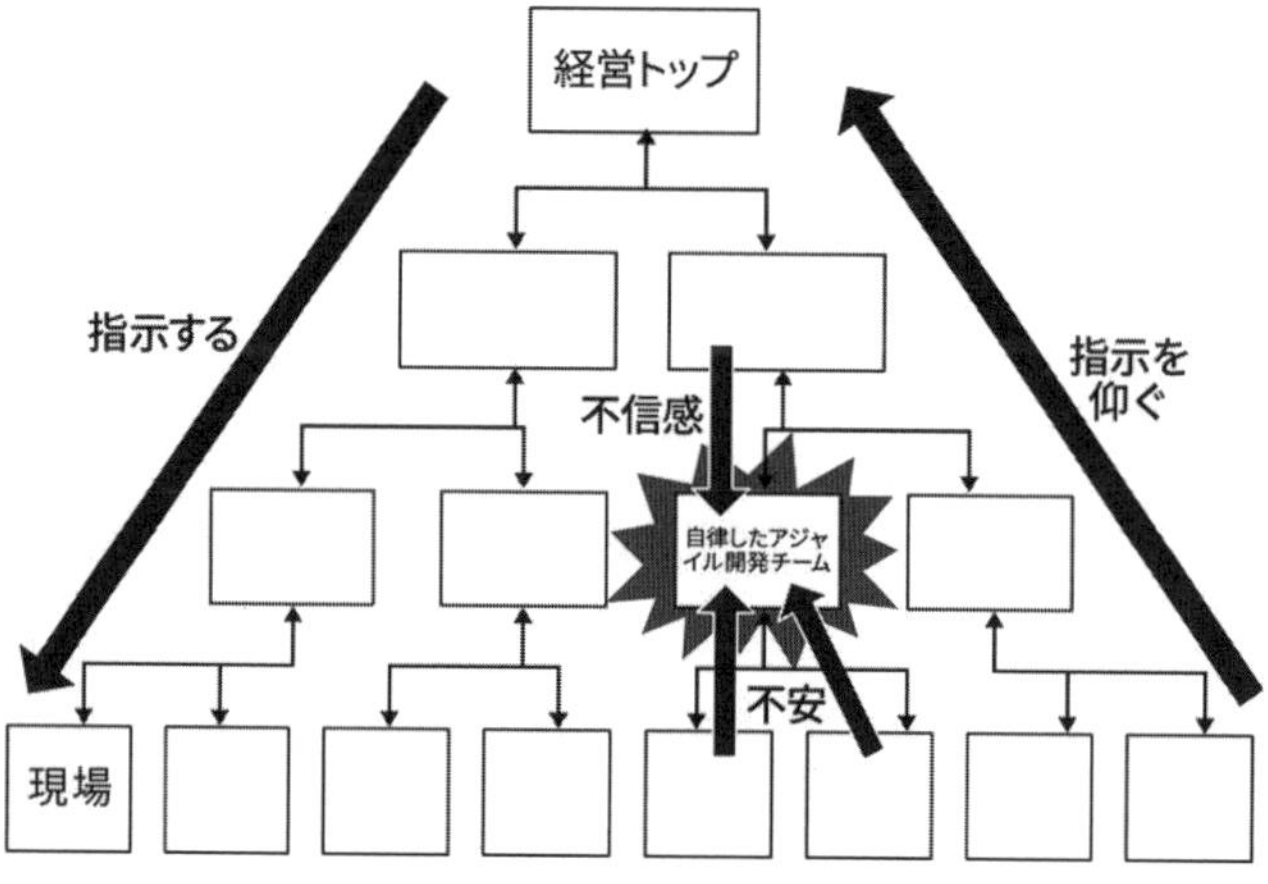

図　中央集権型組織においてアジャイルチームが引き起こすあつれき
自律したアジャイル開発チームは上からは「不信感」を下からは「不安」を持たれやすい
（出所：シグマクシス）

が独自方針で活動しようとすると、様々なあつれきが生じる結果になる点を押さえておきたい。

概念やメリットを理解できない未経験者

実際にあった例を挙げよう。ある企業が社内システム構築プロジェクトを立ち上げた。社内の関係者全員がアジャイル開発未経験だったが、アジャイル開発手法の採用までは合意した。ただ、要件定義の進め方や各開発工程の完了条件、スケジュールの予実管理などは、これまでのウオーターフォール型開発の考え方をそのまま適用してしまった。

これに反応したのが社外のアジャイル開発ベンダーの技術者によって構成された開発チームだ。開発チームはユーザー企業に対して、アジャイル開発の進め方やルールを粘り強く説明したが、理解を十分に得られなかった。

プロジェクトは見切り発車し、案の定、進捗が当初想定から遅れ始めた。開発チームは開発作業に専念して遅延をリカバリーしようとしたが、アジャイル開発に不信感を抱いた関係者から要求される進捗率の可視化とリカバリープラン作成に追われ、リカバリー作業そのものが後手に回る悪循環に陥ってしまった――。

この事例を持ち出したところで、社内システム導入のためだけに全社で組織や文化を変える会社はまずないだろう。組織や文化の変革は長い時間とリーダーシップが欠かせず、そう簡単にできるものではない。アジャイル開発を未経験の人に、その概念やメリット、必要性を話しただけでは腹に落ちるほど理解できないという理由もある。

小さな成功事例をつくる

圧倒的な説得力を持つのが、身近なアジャイル開発の成功事例だ。突破口はそこにある。どんなに小さくてもよいので、まず社内でアジャイル開発の成功事例をつくり、それを積み重ねて周囲を動かしていく。その際、前述した「上からは『何をやっているのか分からない』という不信感を、下からは『十分な指導を受けられない』という不安を抱かれる」点を忘れず、コミュニケーションを取ることが欠かせない。

こうして徐々に周囲に「大丈夫そうだ」と慣れていってもらうのが、実は定常的にアジャイル開発を推進していくための一番の早道である。最初の一歩は小さく苦労も多いが、そこを踏み出せれば「組織や文化の変革」を前提とせずともアジャイル開発を定着させる道筋が見えてくる。中央集権型組織でのあつれきを最小限に食い止めつつ、ゼロベースからその一歩を踏み出すノウハウは次章以降で詳解する。

ポイント4

段階的リリースは業務プロセスと全体整合性を重視

冒頭に挙げたもう1つの「印象」である「要件が明確な業務システムであるSoR領域には適用しにくい」の実態はどうなのか。一般に、同領域でのアジャイル開発、特に既存システムのリプレースでのアジャイル開発は難しいとされるが、その理由はアジャイル開発の段階的リリースと相性の悪い２つの課題があるからだ。

課題の１つは、「現行機能保証」の考え方が根強い点だ。社内の業務システムは、利用部門による度重なる仕様変更や機能追加を経て、今の業務プロセスを支えているという長い歴史がある。そのため、リプレースに当たっても、システムの利用者は慣れ親しみ思い入れが強い機能の実装を望む。

一方、アジャイル開発では、プロジェクトの目的に照らして価値の高い機能、つまり売り上げ拡大や納期短縮、人件費削減といったビジネス上の利益を生む機能を優先的・段階的にリリースしていく。両者はそもそも相いれない面があるのだ。

言い換えれば、システムの利用者は「今ある機能」「今のやり方」を基準にシステムを評価し、利用部門の代表者は「現行機能プラスアルファの機能」を現行システムと同等の品質で提供することを強く求めてくる。

こうした場合、例えばそれまで自動でできたことを「その機能はビジネス面の優先順位が低いので、機能が実装されるまでシステムを使わずに手作業で行ってください」という開発チームからの説得にはなかなか合意してもらえない。この壁を越えるには、「価値の高い機能」だけをまずリリースすることにこだわるのではなく、現行機能を全て踏襲しないまでも現行の業務プロセスを進められる機能がそろった段階でリリースするというコツが必要になる。

「システム全体」を初期段階から意識

もう１つの課題は「全体整合性」を取る必要がある点だ。ＳｏＲ領域のシステムをリプレースする場合、新規開発のときよりも「システム全体」を初期段階から一段と意識して、機能を実装する優先順位と段取りを設計しておくことが欠かせない。

例えばＳｏＲ領域のシステムには、システム全体を通して一貫させる必要がある機能やデータが複数存在する。ステータス管理やワークフロー、エンドユーザーの権限設定などである。これらを事前に把握して全体の整合性を考えて設計せずに段階的リリースで場当たり的に実装していくと、つぎはぎのテーブル構成となってデータの整合性が担保できなく

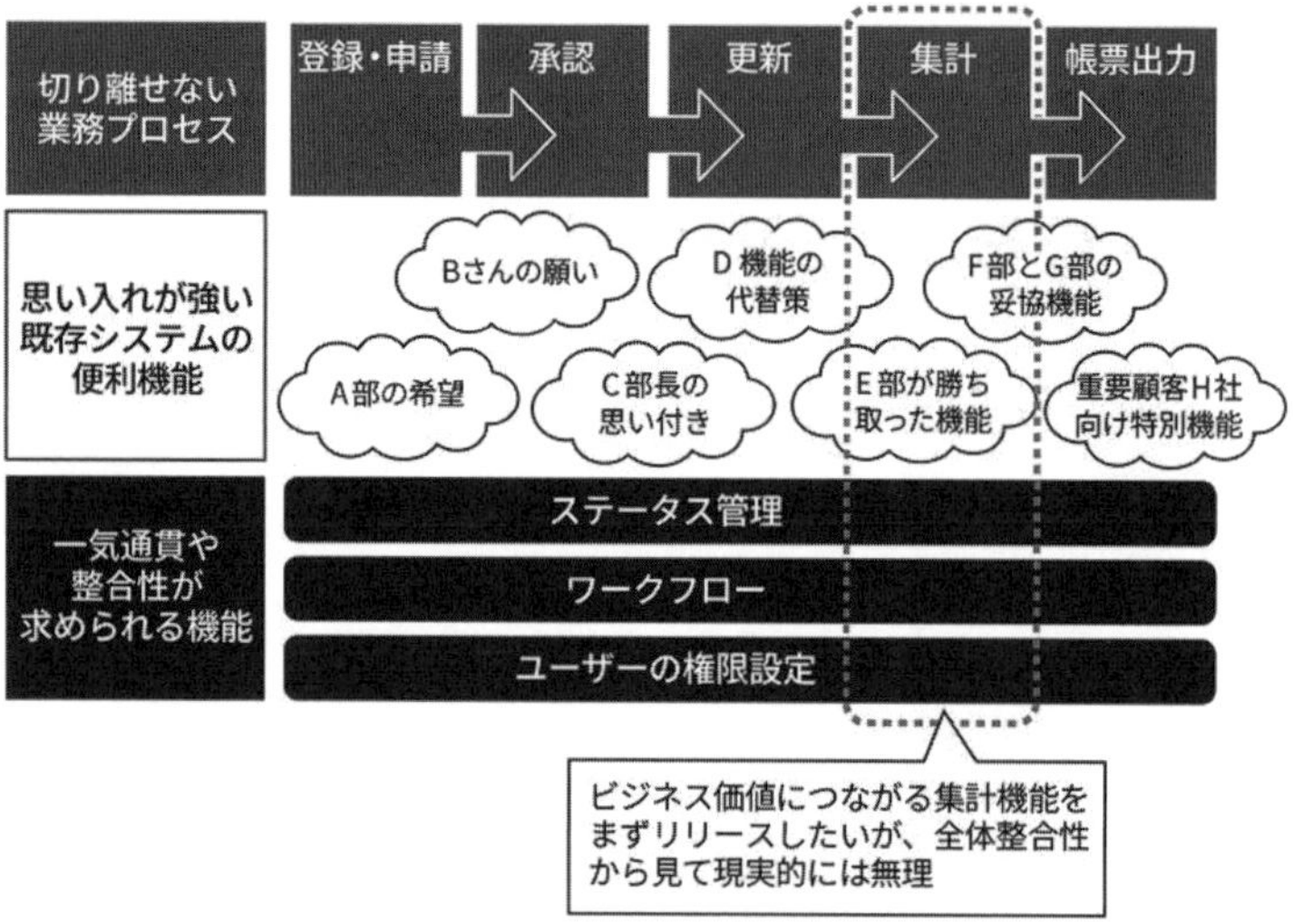

図　SoR領域の既存システムをアジャイル開発で刷新する際のハードル
既存システムのリプレースでは段階的リリースに「壁」がある（出所：シグマクシス）

なる恐れがある。

他にも全体整合性に注意する機能はある。例えばいかに利用頻度が高くとも帳票出力やデータ集計といったデータの流れにおいて「下流」に位置する機能は、データ入力などのデータの上流機能とセットでリリースする必要がある。

どちらも単独でリリースすると業務が混乱するからだ。言うまでもなく、アジャイル開発であってもリプレースプロジェクトには、既存システムとの連携機能の移行やデータ移行、ユーザーテストなどのタスクがウオーターフォール型開発と同じく生じる。

ポイント５　「開発し続ける」体制に変える

徐々に機能をリリースし続けるアジャイル開発では、開発フェーズと保守・運用フェーズとを明確に分けない。ＳｏＲ領域のシステムでアジャイル開発する場合、この点に注意してチームを組み上げる必要がある。

一般にＳｏＲ領域のシステムをウオーターフォール型開発でつくる場合、システム開発チームと保守・運用チームは別のメンバーとなる。開発メンバーはシステム稼働が一段落すると、保守・運用チームに引き継いでいなくなるわけだ。これは全機能を一括リリースする「ビッグバン」方式のウオーターフォール型開発だからこそ成り立った。

アジャイル開発をSoR領域のシステムに適用するには、発注側と開発ベンダーとの双方が意識的にチームを「存続」させるよう取り組む必要がある。従来の意識のままでは稼働後にチームが解散してしまいかねないからだ。

チーム全員をユーザー企業社内でまかなえるケースは少なく、外部ベンダーの力を借りることが多いなか、契約の存続やメンバーの固定、メンバーの教育など、やるべきことは多く、ステークホルダー（本書では特にシステム開発の予算を持つ人、システムの仕様を決める人、システムを使う人などを指す）との調整も必要になる。開発ベンダーと継続的にシステムを成長させるためにも抜け漏れのないように備えたい。

第2章

「らしさ」にとらわれないアジャイル開発の立ち上げ方
チームをどこまで育てるか

基礎編の第1章ではアジャイル開発を実践するうえで、取り組む前に最低限知っておきたい5つのポイントを解説した。第2章以降では、中央集権型の日本企業でも組織や文化を変革せずにアジャイル開発を成功させるための工夫を、「立ち上げ前の準備」「開発工程」「初回リリース後」など開発のライフサイクルに沿って詳しく紹介していく（図参照）。第2章はアジャイル開発プロジェクト立ち上げ前の準備段階で重要となる4つのポイントについて、事例を交えながら説明していく。

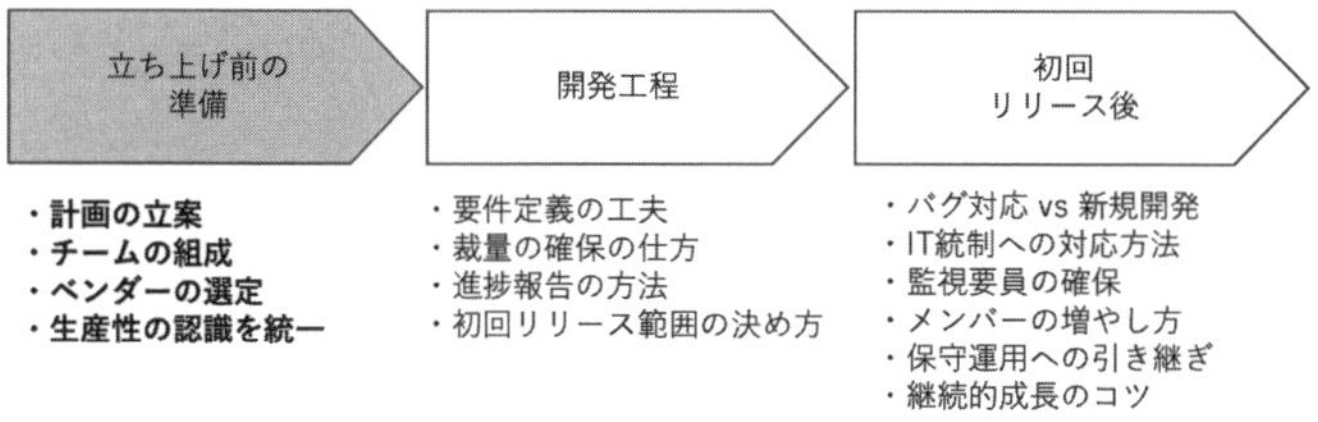

図　本章で説明する範囲を網掛け部分で示した

ポイント1

アジャイルでも「計画」の重要性は変わらない

プロジェクト準備段階における最大のイベントは「計画」の立案である。それはアジャイル開発も変わらない。

よくある誤解が「アジャイル開発は仕様変更を受け入れるのが前提だから計画は作成しないし、そもそもアジャイル開発で計画することに意味はない」というものだ。確かにアジャイル開発の基本思想は「変化に柔軟に対応すること」である。

目的を達成するための最適案を都度検討し、実装検証する短いサイクルを走りながら繰り返していくという「方向転換のしやすさ」が特徴でもある。そのため、目的や目標が明確であれば、最初に手段や仕様を事細かにきっちり決めなくても、ある程度「おおまか」な状態でスタートを切れるのは事実だ。

ただそれはアジャイル開発に慣れた企業での話だ。アジャイル開発の経験が少ない中央集権型組織においては一般に、プロジェクト計画段階でステークホルダーはプロジェクト側に綿密な完成予想図とそこに向けた計画を求める。

ここで「アジャイル開発ならではの進め方」に固執しても理解を得るのは簡単ではない。この「理解の壁」を越えられず、アジャイル開発の採用を見送った読者も多いのではないだろうか。

ただしウオーターフォール型開発が初期の完成イメージを忠実に実装しているかといえば、

必ずしもそうではない。ウオーターフォール型開発でも仕様変更は発生し、場合によってはスケジュールが延びたりコストが増したりしてプロジェクトの全体計画を見直さなければいけないケースもある。ステークホルダーもこれまでの苦い体験から、仕様変更に伴うリスクは十分に認識しているはずだ。

こうした背景を踏まえると、中央集権型組織でアジャイル開発プロジェクトを立ち上げる際のカギとなるのも、やはり「計画」である。

「計画」は重要なコミュニケーションの道具

仕様変更を前提としたアジャイル開発においても、「プロジェクトの目的と最終目標」「スケジュール（ロードマップ）」「予算（概算）」の3点については、ウオーターフォール型

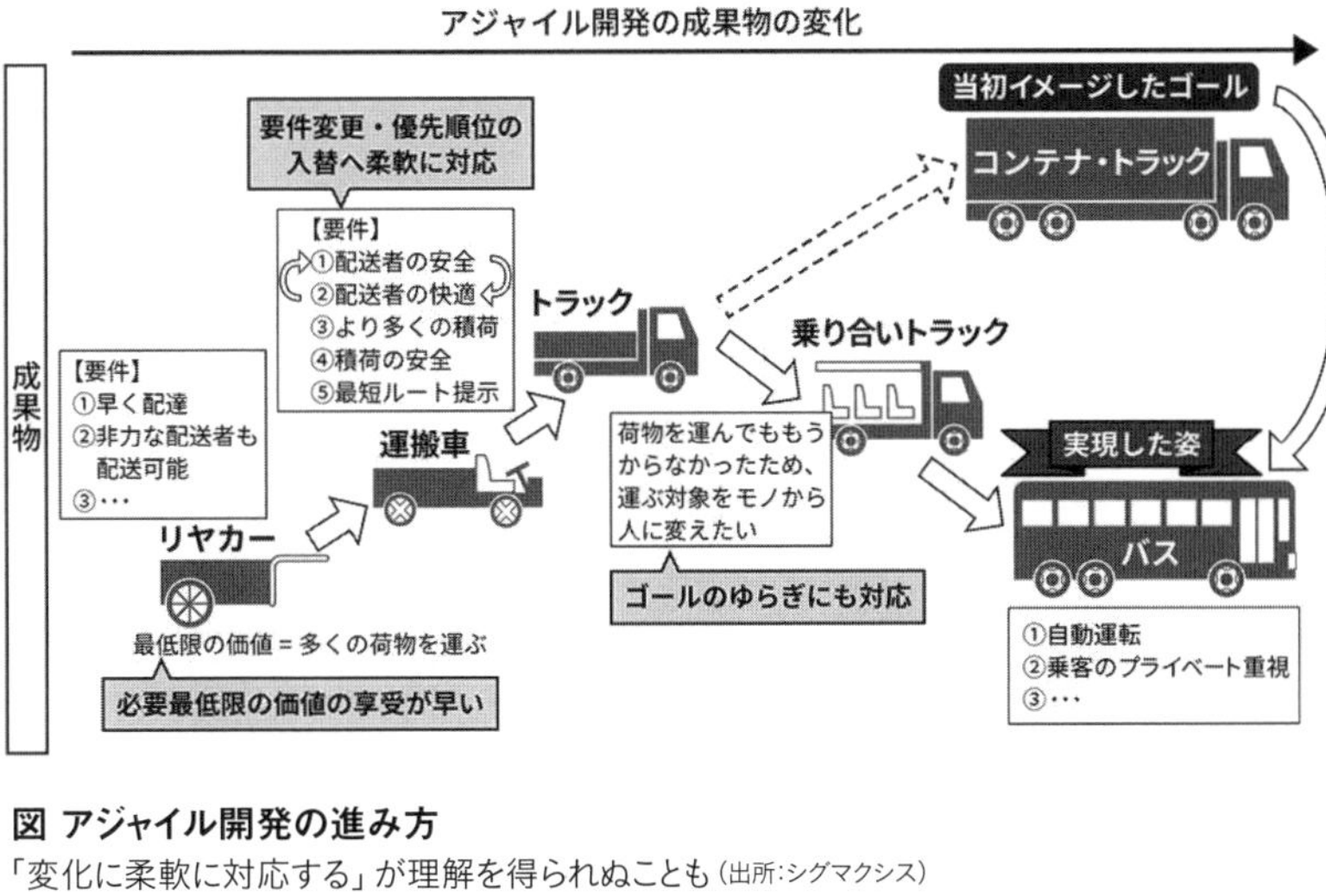

図 アジャイル開発の進み方
「変化に柔軟に対応する」が理解を得られぬことも（出所：シグマクシス）

開発プロジェクトと同様に計画を立て、ステークホルダーの理解と合意を得ることが重要となる。全てを詳細化する必要はないものの、まずはウオーターフォール型と同様に計画を立てることで、立ち上げのハードルを下げる効果を見込める。

実際、エンドユーザーの要求変更を積極的に受け入れながら進むアジャイル開発では、プロジェクトの初期段階で詳細なスケジュールを立てたとしても、その通りに進むケースはまれだ。仕様変更が前提であるがゆえ、開発ベンダーによってはスケジュール作成に難色を示すことさえある。

そうした「不安定さ」を感じさせる状況が関係者をますます不安にさせるとも言える。だからこそアジャイル開発の計画段階でスケジュールをつくる意味があるのだ。

このとき、中長期に及ぶ詳細なスケジュールを立てることは徒労に終わる。詳細な見通しを示すのは開始から2～3カ月間の分でよい。このスケジュールはアジャイル開発においてプロジェクト関係者全員にとっての重要な「コミュニケーションツール」となる。

スケジュールをプロジェクト関係者全員で考え共有することで、気付いていなかった課題やリスクを発見できる場合もある。関連部門担当役員・部門長やユーザー部門担当役員・部門長への報告も、これまでなじみ深く、見慣れたスケジュールを基にしたほうが説明しやすいというメリットもある。アジャイル開発におけるスケジュールは、ウオーターフォール型開発における予定表以上の効果があると言える。

ポイント２

スクラムでなくともアジャイルできる

計画の作成とともにアジャイルチームの組成もプロジェクト準備段階における重要なイベントだ。アジャイル開発でよく採用される手法「スクラム」において、教科書である『スクラムガイド』でチーム構成を例示している。

ユーザー側の代表者としてプロダクトの価値を最大化することの結果に責任を持つ「プロダクトオーナー（ＰＯ）」が１人、開発者側の代表者としてスクラムを確立させることの結果に責任を持つ「スクラムマスター（ＳＭ）」が１人、それと開発メンバーから成る「開発チーム」の３つを必要としている。

ただ前章でも解説した通り、アジャイル開発の経験が少なく、中央集権型の日本企業では教科書通りではうまく進まない。そこでお勧めしたいチーム構成がある。具体的にはＰＯを支援する「代理プロダクトオーナー（ＰＰＯ）」を追加で配置し、ＳＭの代わりに開発チームをマネジメントする「開発リーダー」も配置する構成だ。

それぞれの主な役割は以下の通りだ。ＰＯには２つの主な役割があり、「価値実現の最終責任者（意思決定）」と「ＲＯＩ（費用対効果）最大化の責任者」である。ＰＯは１人である必要はなく、責務を全うするために複数人がチームを組んで当たる場合もある。

次にＰＰＯには３つの役割がある。「多忙なＰＯの手が回らない穴を埋める」「アジャイルチームとステークホルダーとのコミュニケーションや調整、交渉を担当する」「アジャイル手法に基づくチームマネジメントやリードを担当する」である。PPOを担う人材に求められるスキルセット（知識・能力）については、基礎編の第3章で詳しく述べる。

サーバント型リーダーは不要

開発リーダーの主な役割は4つ。具体的には「開発メンバーへのタスク割り当て」「開発メンバーの積極的フォロー」「開発環境の整備」「開発チームの生産性向上支援」である。

開発リーダーはSMに期待される「サーバント型リーダー」である必要はない。サーバント型リーダーとは、開発メンバーの力を最大限に発揮する環境づくりに注力する奉仕型のリーダーのことだ。

開発リーダーは一言で言えばフォロー役だ。

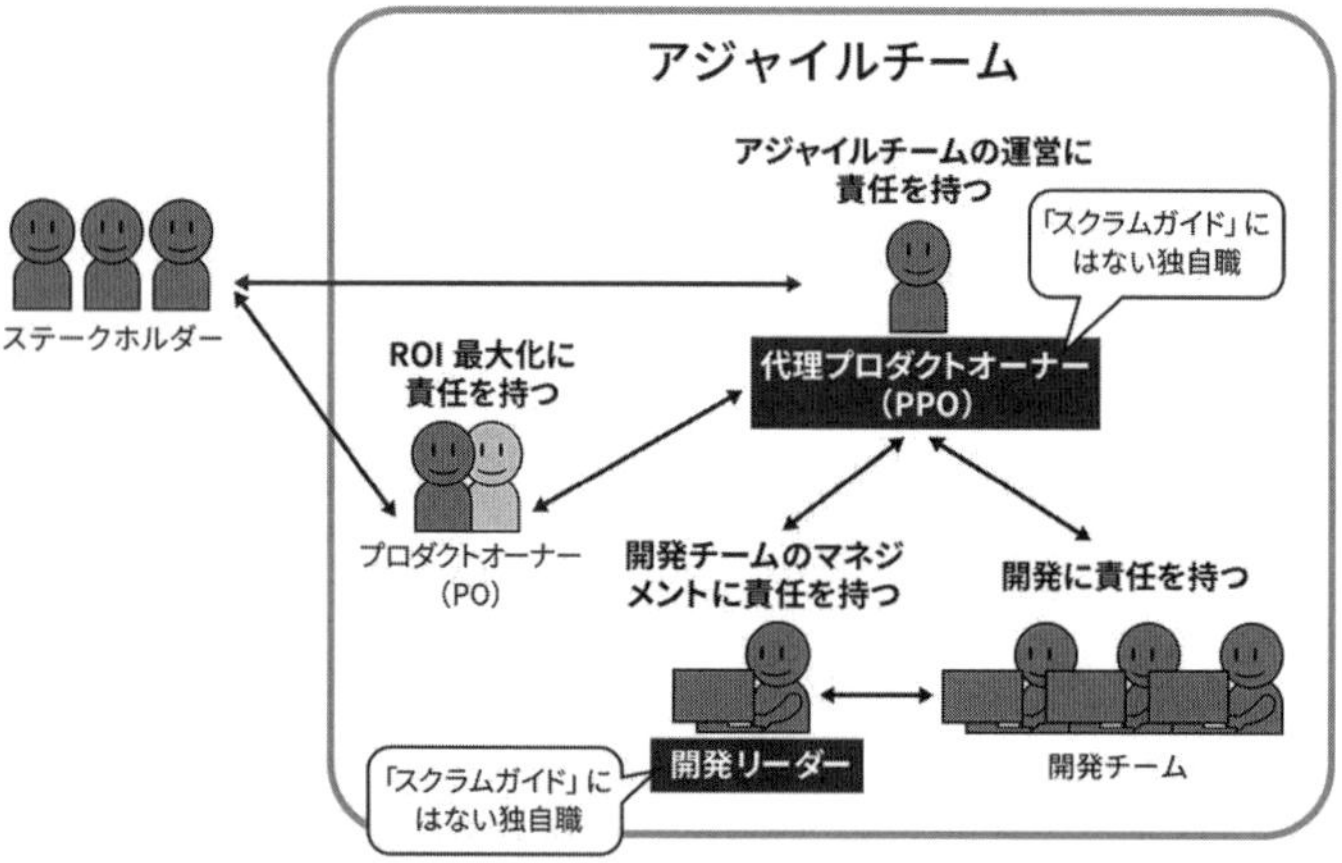

図　アジャイル開発の経験が少なく中央集権型の日本企業に合ったアジャイルチームの例
教科書にはない「代理プロダクトオーナー」と「開発リーダー」を配置する（出所：シグマクシス）

アジャイル開発に不慣れなメンバーや消極的なメンバーなどと積極的にコミュニケーションして、技術面や精神面でフォローして回る。

フォローし続け、開発メンバーそれぞれが自分の役割に自信を持って取り組める環境を整えると、開発チーム全体の生産性は自然と向上する。教科書が求める「自律型＋多能工」なメンバーでなくとも、開発リーダーを置くことでアジャイル開発をうまく回していくことができる。なお開発リーダーを短期的に配置しても効果が高い。

この開発リーダーにはどんな人材が適しているだろうか。技術面ではウオーターフォール、アジャイル問わず、設計・開発の中核を担ってきた経験があり、全体像を見据えながらタスクを分解できる能力と、前向きで新しいことに果敢にチャレンジできる気概を持つ人材が望ましい。

事例紹介：大手製造業Ａ社の場合

我々が支援した実際の事例を紹介する。大手製造業のA社は基幹系システムを刷新するアジャイル開発プロジェクトを立ち上げるに当たり、当初は教科書通りの構成でスクラムチームを組む考えだった。

しかし、アサインされたPOは専任ではなく兼務が前提だったため、我々は「POとしての情報収集や各所との調整、意思決定などに遅れが生じる」と判断した。開発チームはアジャイル開発に不慣れなメンバーが多く、立ち上がりに不安があった。そこで、前述の「PO＋

PPO＋開発リーダー」の体制を提案した。

提案では、POを補完する役割としてPPOが必要であると説明したものの、教科書にはないPPOの重要性を理解し、追加費用を捻出してもらうのは容易ではなかった。何度目かの説明の際、A社担当者の上長が「要はプロジェクトマネジャー（PM）のような人を置きたいということですね？」と助け舟を出してくれたことで、担当者に理解してもらえた。相手の言葉で説明することの大切さを痛感した一幕でもあった。

プロジェクト開始後、POは主に各所との調整やリリース判断に専念し、その他の本来POがすべき作業をPPOが代行した。具体的には、現行調査や要件ヒアリング、要件整理、新システムの検証、プロジェクト関係者内の調整、プロジェクト管理である。前述の通りPPOはPMの役割に似ている。POとPPOが役割を分担することで、アジャイルチームの運営が滞ることはなかった。

一方、開発リーダーと開発チームとの関係構築はもう少し難しかった。特にメンバーにアジャイル開発の経験者がいると一段と複雑になる。

このプロジェクトでも開発リーダーが各開発メンバーにタスクを割り当てた際、アジャイル開発を経験している開発メンバーが「私の知っているアジャイルと全然違う。こんなのはアジャイルじゃない」と批判の声を上げた。このメンバーの主張は「メンバーの自主性を育てるためにも、リーダーは受け身に徹すべきである」というものだった。

開発リーダーとPPOがこの開発メンバーに対し、「今回のやり方は教科書通りではない」「アジャイル未経験の開発メンバーが多いチームでの最善策と考えている」と丁寧に説明することで納得してもらった。この経験を踏まえ、ＰＯや開発リーダーはミーティングの進め方やタスクの整理方法、プロジェクト管理ツールの使い方など、開発チームが直接関わる業務には、可能な限りこの開発メンバーがなじんだやり方を取り入れた。

さらにこの開発メンバーにはアジャイル開発未経験のメンバーを率いる役割も割り当てた。経験を尊重し、活躍できるように場を与えたわけだ。

ポイント３

開発ベンダー選びに３つのコツ

プロジェクト準備段階でアジャイルチームを立ち上げる際、外部の開発ベンダーの技術者を組み入れてアジャイルチーム内の開発チームを組む場合が多いだろう。外部の開発ベンダーと手を組む際に気をつけたいコツは３つある。

ベンダー評価のコツ

１つ目は評価視点でのコツだ。開発ベンダーの選定に際しては、アジャイル開発経験の有無を重視しがちだが、業務システムのアジャイル開発においては業務知識の有無や深さに主眼を置いて評価したほうが、結果的に立ち上がりが早いケースが多い。

アジャイル開発の経験がなくともウオーターフォール型開発の経験が豊富ならば、初めてのアジャイル開発でも慣れてくると長年の「開発の勘所」が生きてくるケースが多い。一方で業務知識のキャッチアップは開発のスタンスを変える以上に時間と人的コストがかかるからだ。

提案依頼書（RFP）の書き方のコツ

２つ目は開発ベンダーに提出する提案依頼書（以下RFP）の書き方のコツだ。アジャイル開発を採用したいという要望が開発ベンダーにうまく伝わらず、ウオーターフォール型開発で提案されてしまう残念なケースも少なくない。次の４点を踏まえたRFPであれば、開発ベンダーから適切な提案を受けられるだろう。

(a)工程ではなく「時期」で書く

アジャイル開発のRFPに慣れないと、「要件定義では」「単体テストでは」とどうしてもウオーターフォール型開発の工程に沿って提案してもらいたい内容を書いてしまいがちだ。工程ではなく、「2カ月目にオンラインで受注できるようにして、４カ月目に在庫の自動引き当てをできるようにする」といったように、どの時期に何を実現したいのかを書くようにする。

(b)納品ドキュメントは指定せずに提案させる

アジャイル開発は規定のドキュメントを定義していないが、だからと言って何もつくらないのは保守運用を考えるとあり得ない。開発ベンダーが何のドキュメントを必要と考えているのかを提案させることで、開発のスピードと保守運用の効率性のバランスを取ることができる。

(c)要求事項に優先順位を付ける

システムで実現したい項目（要求機能）をただ羅列するのはビッグバン方式（一括リリース方式）のウオーターフォール型開発での考え方である。アジャイル開発の提案を受けるのであれば、いつまでにどの要求機能を必要とするかを書く必要がある。

(d)アジャイルで進めたい旨を明記する

当たり前のようだが、この一文は明快であり、提案内容をぶれさせないためにも勧めたい。

契約内容を決めるコツ

３つ目は契約内容のコツだ。ウオーターフォール型開発のような稼働までの一括契約を避け、２カ月程度の契約としたほうがよい。アジャイル開発は仕様変更を柔軟に受け入れることが前提のため、プロジェクトの途中で方向転換する可能性が大きい。

その際、長期の一括契約では開発ベンダーが柔軟に契約変更などに対応できないリスクがある。そのため区切りごとにその時々に最適なベンダーを選ぶことが欠かせないわけだ。

また契約を更改するタイミングで振り返りと、中長期の方向性について確認・修正することで、プロジェクト関係者全員が常に同じ方向を向けるという効果も期待できる。短期の契約更改を続ける点に関しては「ベンダーとの信頼関係が保てない」「選定の労力がかかる」という不安もあるだろうが、アジャイル開発を成功させるには必要な考え方である。

ポイント4 成長のための「生産性低下」を許容できるか

中央集権型の組織でアジャイル開発を進めるに当たり、立ち上げ段階で考慮すべき最後のポイントは「チームを成長させるために生産性低下を織り込んでおく」ことである。

本書では現状の組織や開発チームを生かす形でアジャイル開発に取り組む工夫を解説しているが、長いスパンで見ればアジャイルチームと呼ぶにふさわしいチーム、すなわち「自律型＋多能工」という特徴を備えたチームへと成長させたい。自ら考え、要件定義から開発・運用まで一貫して担当できれば、工程間を引き継ぐ際に生じやすい認識の食い違いからくるトラブルを減らし、高い生産性と品質を保つことができるようになる。

注意が必要なのは、「自律型＋多能工」のチームを育てようとする場合、最終的に生産性は著しく高まるものの、初期は一時的にチームの生産性が下がる点だ。ウオーターフォール型開発で求められてこなかった「自律型＋多能工」を個々の技術者に身に付けさせるには、各人の自主性を尊重しつつ、苦手な分野にも果敢に挑戦することを後押しすることが欠かせない。

以上を踏まえ、目安として6カ月以上続くような中長期型のプロジェクトでは立ち上げ段階で、「一時的な生産性の低下を許容しても、開発メンバーに専門外の領域にもチャレンジしてもらいチームを育てる」のか「生産性低下を許容せず、開発メンバーの専門領域に特化したタスクを割り当て、安定したパフォーマンスを求める」のか、どちらかを決めておく必要がある。育てると決めた場合、開発チームを簡単に手放さないようにするには、発注者は成長計画を加味した予算を確保し、開発ベンダーには要員を一定期間固定するように要求すべきである。

3カ月程度の短期型開発の場合、「自律型+多能工」にこだわる必要はないだろう。開発チームの生産性がようやく上がってきた段階でプロジェクトが終わってしまって

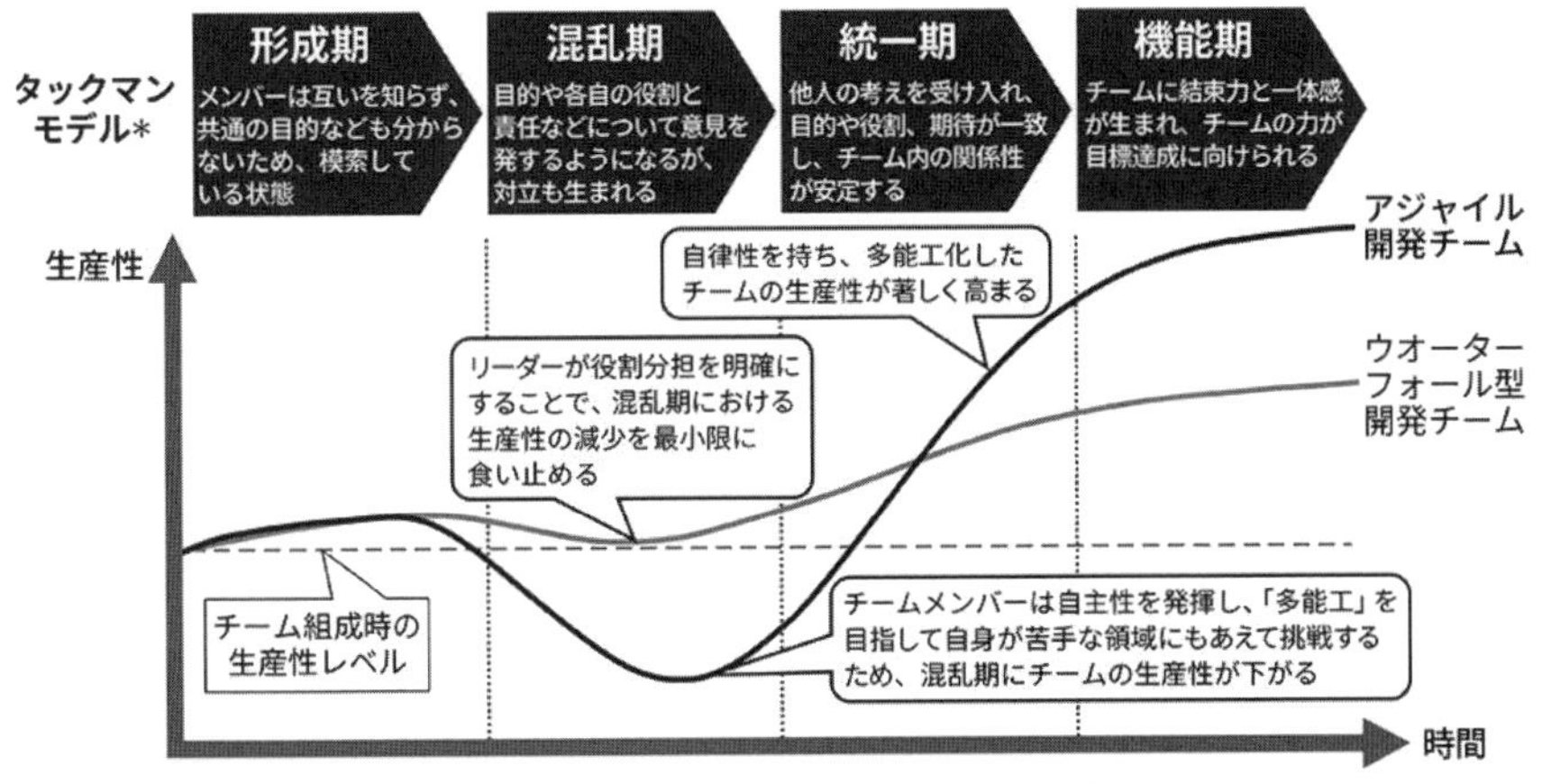

＊心理学者のブルース .W. タックマンが提唱したモデル。チームはつくっただけでは自然に機能し始めることはなく、５つの段階を経て、期待通りに機能するようになる、と説く。５つの段階とは形成期、混乱期、統一期、機能期、散会期である

図　開発チームごとの生産性

生産性の低下を織り込んで成長させる（出所:シグマクシス）

は、投資が無駄になるだけだからだ。そうなることを避けるには、ＵＩ（ユーザーインターフェース）担当とＤＢ（データベース）アーキテクト担当、アプリケーション担当とインフラ担当など、個人の専門領域に特化した適材適所の役割で分けた組織で開発することも有効な選択肢となる。

第3章

アジャイルの型にこだわっては合意できない 品質向上のカギは「自治区」にあり

前章は、アジャイル開発プロジェクトを立ち上げる準備段階における計画立案や体制構築の工夫について解説した。本章は、アジャイルチームを形成して実際に開発する開発工程における４つのポイントについて事例を交えながら解説する（図参照）。具体的には「要件定義に使うドキュメントの工夫」「アジャイルチームの裁量確保の仕方」「進捗報告の方法」「初回リリースの範囲の決め方」である。

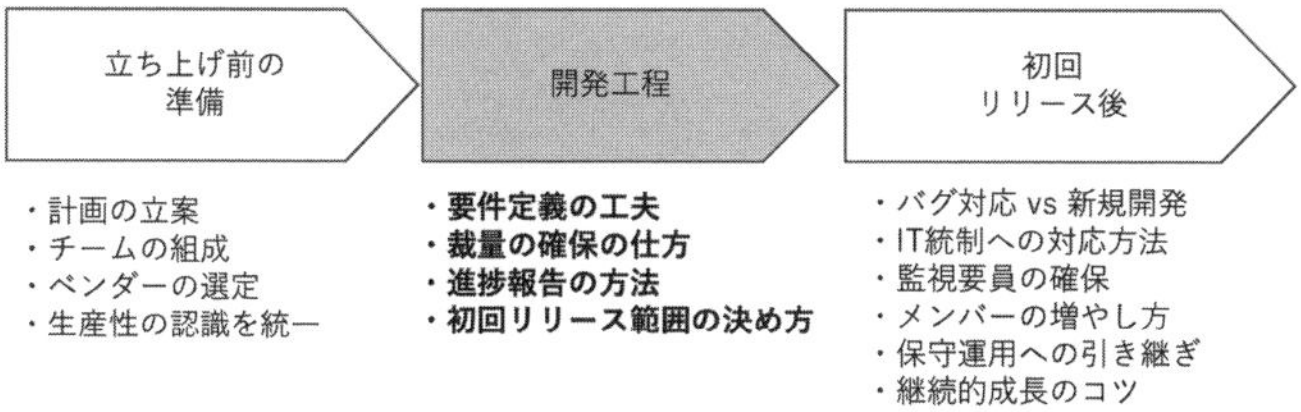

図　本章で説明する範囲を網掛け部分で示した

ポイント1

ユーザーストーリーだけに頼らない

1つ目のポイントが「要件定義に使うドキュメント」である。ステークホルダーとの合意形成における工夫だ。

アジャイル開発における要件定義では、「役割(誰が)」「要望(何をしたい)」「理由(なぜ)」の要素で構成される「ユーザーストーリー」を使ってプロダクトオーナー(PO)や開発者がステークホルダーと合意形成する手法がメジャーである。一般に優れたユーザーストーリーの特性は頭文字をとって「INVEST」とされる。

ユーザーストーリーはエンドユーザーの「価値」に注目し、優先順位を付けてステークホルダーと合意するためには適している半面、既に稼働中のSoR領域の社内システムを刷新するプロジェクトでは要件が抜け落ちるケースがあることに注意が必要だ。

要件が抜け落ちる要因は2つ

要件が抜け落ちる要因は大きく2つある。

第1の要因はユーザーストーリーそのものの質が悪い場合だ。既存社内システムの刷新プロジェクトでは、INVESTのうち特に「Negotiable:交渉可能である」に着目したい。

と言うのも、既存社内システムを刷新する場合、エンドユーザーは欲しい機能が具体的に決まっていたり、既存の機能に目が行ってしまったりして、ユーザーストーリーに機能の詳細を書いてしまいがちだからだ。例えば「複数の項目を選択したい」という要求を「チェックボックスで選択したい」と具体的な機能で記載してしまう。結果、Negotiableでなく（交渉の余地がなく）、エンドユーザーのリクエストをそのままの形で反映するといったことが起こる。

ある消費財メーカーの実例を紹介しよう。この会社では商品企画に関する業務を全て紙文書で進めていたが、担当者ごとにフォーマットや情報の管理方法が異なり、採番ルールなども十分にマニュアル化されていなかったため、業務の煩雑さが課題となっていた。

そこで、業務を簡略にし、社員の負荷を減らし、事業継続性を高めるという目的の下、新システムを

表　優れたユーザーストーリーが備える6つの特性

「INVEST」で記述するよう心がける（出所：シグマクシス）

項目	説明
Independent：独立している	先行するストーリーが完了してないと始められないなど、他の影響を受けない
Negotiable：交渉可能である	ストーリーが具体的過ぎないタスクで記述されており、プロダクトオーナーと実現方法について交渉できる
Valuable：価値がある	ストーリー単独で顧客にとっての価値がある
Estimable：見積もり可能である	ストーリーを実現するのに必要な時間が（他ストーリーとの比較において）見積もれるだけの十分な情報がある
Sized Right(Small)：適切な大きさである（小さい）	開発するに当たり、ストーリーを実現するのに必要な時間が長過ぎない程度に、適切なサイズに分割されている
Testable：テスト可能である	そのストーリーが完了したかどうかをテストでき、受け入れ条件が明確になっている

導入するに至った。実際に要件定義に入ると、ユーザー部門代表者は過去の企画や各種ルールを一元管理できるシステムを早期に実現しようという思いが強く、ユーザーストーリーに本来書くべき「要望」「理由」ではなく、ユーザー部門代表者が考える「具体的な実装方法」ばかりを盛り込んでしまった。

ユーザーレビューでの指摘も機能の実装方法に注目が集まり、そのストーリーで実現したい業務の目的や内容については深く議論されることはなかった。このまま開発工程に突入したところ、開発メンバーが目的を理解しないままユーザーストーリーに記載された機能をそのまま実装したため、エンドユーザーにとって使い勝手が悪い複雑な操作画面となってしまい、最終的に完成したシステムはエンドユーザーが満足する品質には届かなかった。

要件が抜け落ちる第2の要因は、一連の業務を遂行するためのユーザーストーリーが不足している場合だ。ユーザーストーリーは1つの部門の業務を明確にする用途には適しているが、複数部門をまたがるような横串の業務を漏れなく書こうとする場合は注意したい。特に先述の機能目線で記載されたユーザーストーリーは、個々の機能の仕様は明確になるものの、システムの全体像やストーリー間の結びつきが曖昧になり、そこに要件の抜けが潜みやすい。

例えばある顧客が倒産した場合を考えてみよう。最初に営業部門が「倒産情報」を登録し、与信部門がその真偽を確認・確定し、最後に出荷部門が該当顧客への出荷を保留する。この一連の流れで与信部門のユーザーストーリーから「倒産情報を確認・確定する」という作業が漏れてしまうと、「倒産先への出荷を保留する」という複数部門が関わる一連の業務が成り立たなくなってしまう。

先ほど紹介した消費財メーカーのプロジェクトでも、開発者が個々の要件や機能にのみ着目してユーザーストーリーを作成したため、ユーザーストーリー間の要件の抜け、テーブルの漏れ、画面仕様イメージのずれが発生した。このプロジェクトではこの２つの要因が重なり、イテレーション（一定の開発サイクル）ごとに実施するレビューでの指摘が多くなり、プロジェクト中盤からはもともと予定していた新規機能の開発に着手できなくなってしまった。

これらの問題は全て、ステークホルダーであるエンドユーザーの目的や要件が、開発メンバーに十分に伝わっていないことが原因だ。エンドユーザーの要望が漏れなくユーザーストーリーへ反映されない限り、アジャイル開発は成功しないわけだ。

では、「十分な情報」を得るにはどうすればいいのか。一般には、ユーザーストーリーそのものの品質を向上させたり、ユーザーストーリーを業務プロセスやカスタマージャーニーで並べる「ユーザー・ストーリー・マッピング」を使って抜け漏れを確認したりする方法がある。

もちろんその方法で進めてもらって問題があるわけではない。ただここで我々がお勧めしたいのは、ユーザーストーリーに加えてウオーターフォール型開発の要件定義で通常作成物となる次の４つの汎用的なドキュメントを、状況に応じて採用する方法である。

具体的には、データ移行があったりデータ構造が複雑だったりする場合には「データモデル」を、部署をまたいだ申請や承認が必要な業務が多い場合は「状態遷移図」を、業務プロセスが多かったり複雑だったりする場合は「フローチャート」を、操作画面が複雑だったりこだわりがあったりする場合は「画面イメージ」をそれぞれ使うとよい。

「アジャイル開発だからドキュメントを作成しなくていい」ではない。開発者がステークホルダーと素早く的確に、そして長く認識を合わせ、品質の高い成果物をつくり続けるためには、ユーザーストーリーのみにこだわらずどんな手段でも利用するという気概で、プロジェクト特性に合わせて適切な要件定義のアウトプットを検討すべきである。

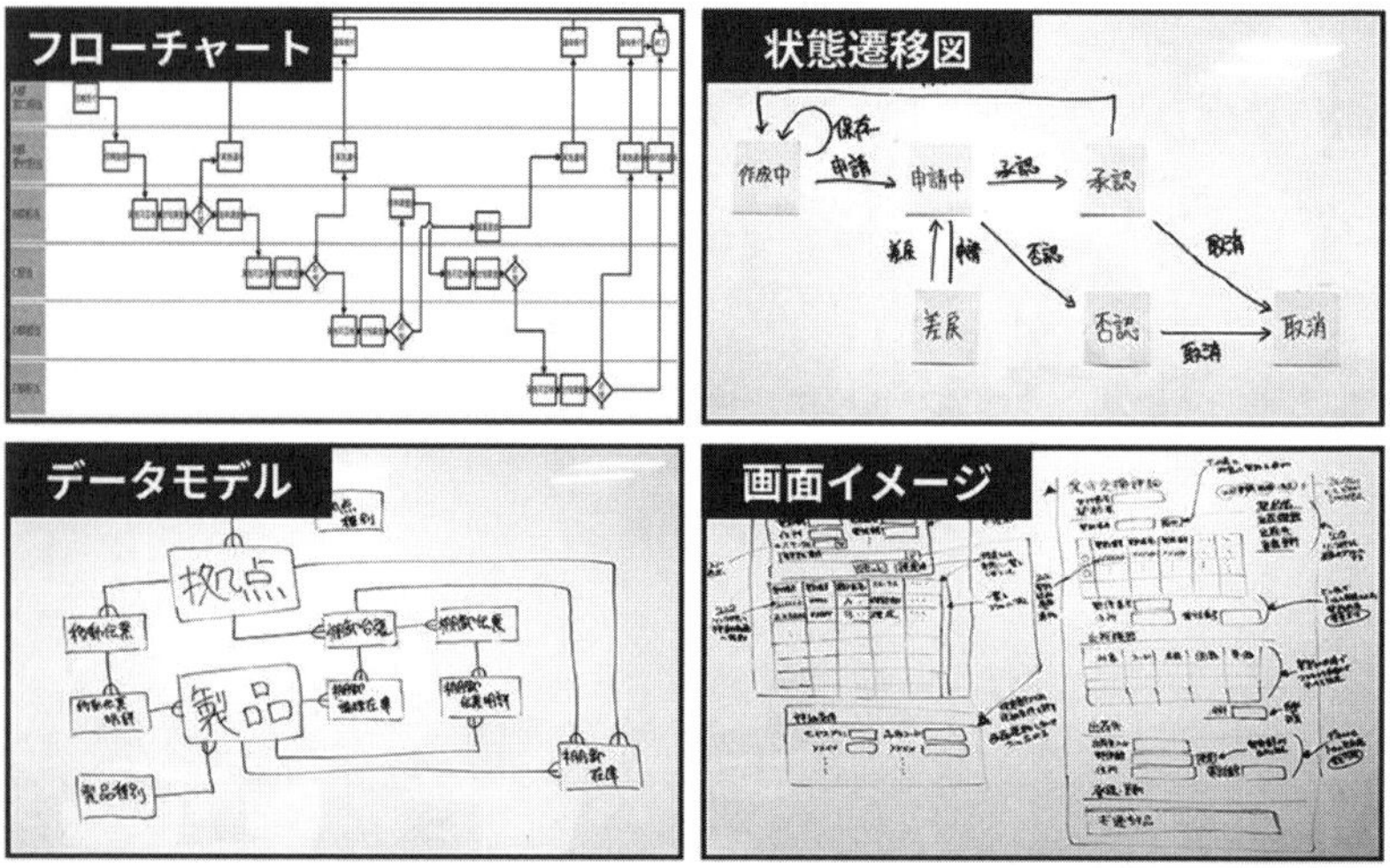

図　システム全体像をつかむためのドキュメントの例
ユーザーストーリーをウオーターフォール型ドキュメントで補足（出所：シグマクシス）

ポイント２

品質確保に欠かせない「自治区」とＰＰＯ

開発工程における２つ目のポイントが「アジャイルチームの裁量確保の仕方」である。ウオーターフォール型開発しか経験のないステークホルダーと初めてのアジャイル開発に取り組む場合、開発成果物の品質を高めるためには、「自治区」とも呼ぶべき「開発チームの裁量で自由に動ける領域」の確保が欠かせない。

理由は２つある。１つは、自治区がないと頻繁な報告を求められるからだ。一般にアジャイル開発ではスコープ（仕様）は常に変わるものだと考え、あえて全てを事前に合意しない。だが要件定義工程で全仕様を合意するウオーターフォール型開発しか経験のないステークホルダーはこの進め方をすぐには受け入れられず、「全スコープを合意しない代わりに詳細な進捗と作業内容を報告せよ」と義務付けるケースもある。詳細な作業計画は次イテレーション分のみとし、それ以降のイテレーションは概要のみ報告するなど、報告に濃淡を付けることでこの要望を抑える必要がある。

もう１つの理由は、自治区がないと品質を高める策を打ちにくくなるからだ。アジャイル開発では効率的に品質を高めるために、将来必要になると見越した共通機能を事前に開発したり、定期的に「リファクタリング」したりする。

リファクタリングとは保守性を高める目的で、外部から見たときの挙動を変えずにプログラムの内部構造を整理する作業である。ただアジャイル開発に慣れていないステークホルダーは事前開発やリファクタリングを開発が遅れたり止めたりする作業と見なし、許可しない場合もある。

本来、自治区を確保するためにステークホルダーと調整する役目を負うのはPOである。だが基礎編の第2章で解説した通り、POは現業との兼務で多忙だったり意思決定の権限を与えられていなかったりするため、調整役には代理プロダクトオーナー（PPO）が適している。

PPOが自治区を確保するために必要なのはステークホルダーの期待値をコントロールする作業である。例えば「IT監査上必須の機能はリリースするが、エ

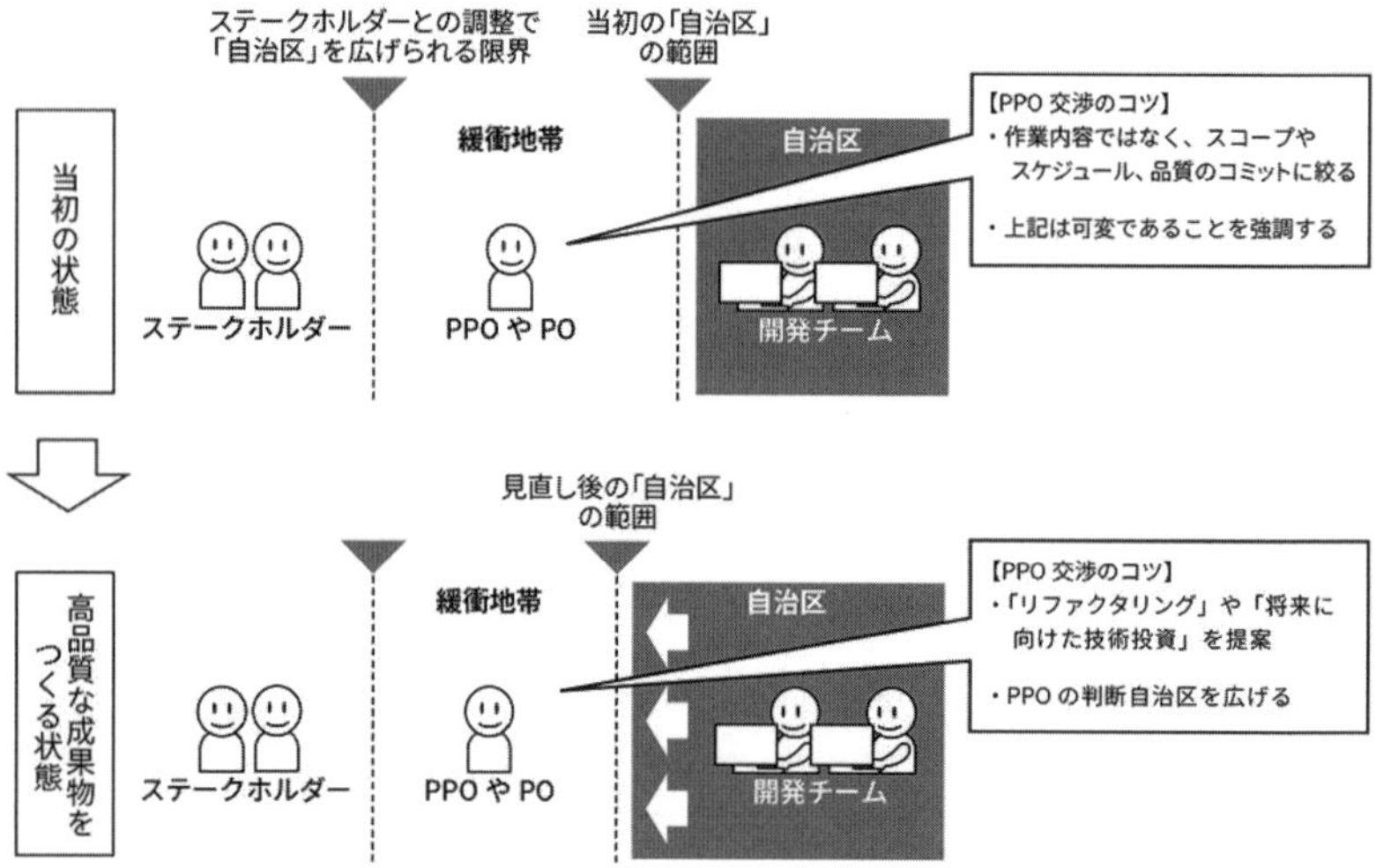

図　自治区範囲の調整の例

「自治区」の広さをコントロールする（出所：シグマクシス）

ンドユーザーの『便利機能』については必須機能をリリースした後に実装する」といった条件で合意形成を図ったり、ステークホルダーに分かりやすくかつ頻度を多めに報告・相談したりすることで、ステークホルダーの「不安」を取り除きつつアジャイル開発に慣れさせていく。

特にステークホルダーが不安になるのが進捗だ。スケジュールが遅れそうな場合は、ＰＰＯが気付いたらすぐにステークホルダーとコミュニケーションをとって今後のスケジュールや実装する要件を合意する姿勢が欠かせない。

自治区の確保はチームが開発に専念できるようにするための大切な作業である。ＰＰＯはステークホルダーとの交渉力や自治区の範囲を臨機応変に伸び縮みさせるマネジメント力が求められる難しい役割だが、どんなスキルが必要なのだろうか。

ＰＰＯはプロジェクトマネジャーに近い役割

必要なスキルは３つある。「豊富なアジャイル方法論の知識に基づきアジャイルチームの課題を解決し、チームをマネジメントしてリードする能力」「アジャイルチームの状況を的確に把握し、ステークホルダーに報告して期待値をコントロールできる能力」「ビジネス面の要求やシステム面の制約を十分に理解したうえでスコープや優先順位を提案できる能力」――である。

文字にすると難易度の高いスキルに見えるかもしれないが、実はウオーターフォール型開発におけるプロジェクトマネジャー（ＰＭ）に近い役割である。ＰＭ経験者がアジャイル開発の「知識」を取得すれば十分に務まるといえる。

ただ実態としては多くのPM経験者はアジャイル開発プロジェクトで、開発者側の代表者としてスクラムを確立させることの結果に責任を持つ「スクラムマスター（SM）」に任命されてしまう。慣れないアジャイル開発で「教科書通り」を重視するあまり、アジャイル開発でも欠かせないリーダーシップや調整力を十分に発揮できない残念なケースも多い。

PPOの適任者が見つからない場合や、既にアジャイル開発がスタートしていてそのスピードを落としたくない場合などは、PPOの外部調達も有効な手段といえる。

ポイント3

報告は相手の目線を意識する

開発工程における3つ目のポイントが「進捗報告の方法」である。アジャイル開発の進捗報告のやり方といえば、「バーン・ダウン・チャート」が有名である。プロジェクトの「イテレーションごとの短期計画」に対し、現状の「実績」がどれだけ離れているかを一目で分かるようにする右肩下がりの折れ線グラフである。

同チャートは計画に対しての進捗や現時点で想定する「着地点」を把握するには有効な半面、ガントチャートやワーク・ブレークダウン・ストラクチャー（WBS）といったウオーターフォール型開発での報告に慣れているステークホルダーにとって「プロジェクト全体を見通しにくい」

という印象を与えがちだ。

ここで、「進捗報告の方法」をステークホルダーと争うのは生産的ではない。最初からバーン・ダウン・チャートとともに、ステークホルダーが慣れ親しんだウォーターフォール型開発の進捗報告資料もつくってしまうのが得策だ。

ある企業の社内システムをアジャイル開発で刷新したプロジェクトでは、アジャイル開発で使う各種の進捗報告資料に加え、同社でよく使っていた進捗報告資料を当初から盛り込んだ。具体的には、マスタースケジュールやガントチャートである。

これによりステークホルダーに正しく進捗状況や課題を把握してもらい、迅速に判断を仰げた。プロジェクト途中で報告対象者が変わったが、そこでも状況をすぐに把握してもらえた。

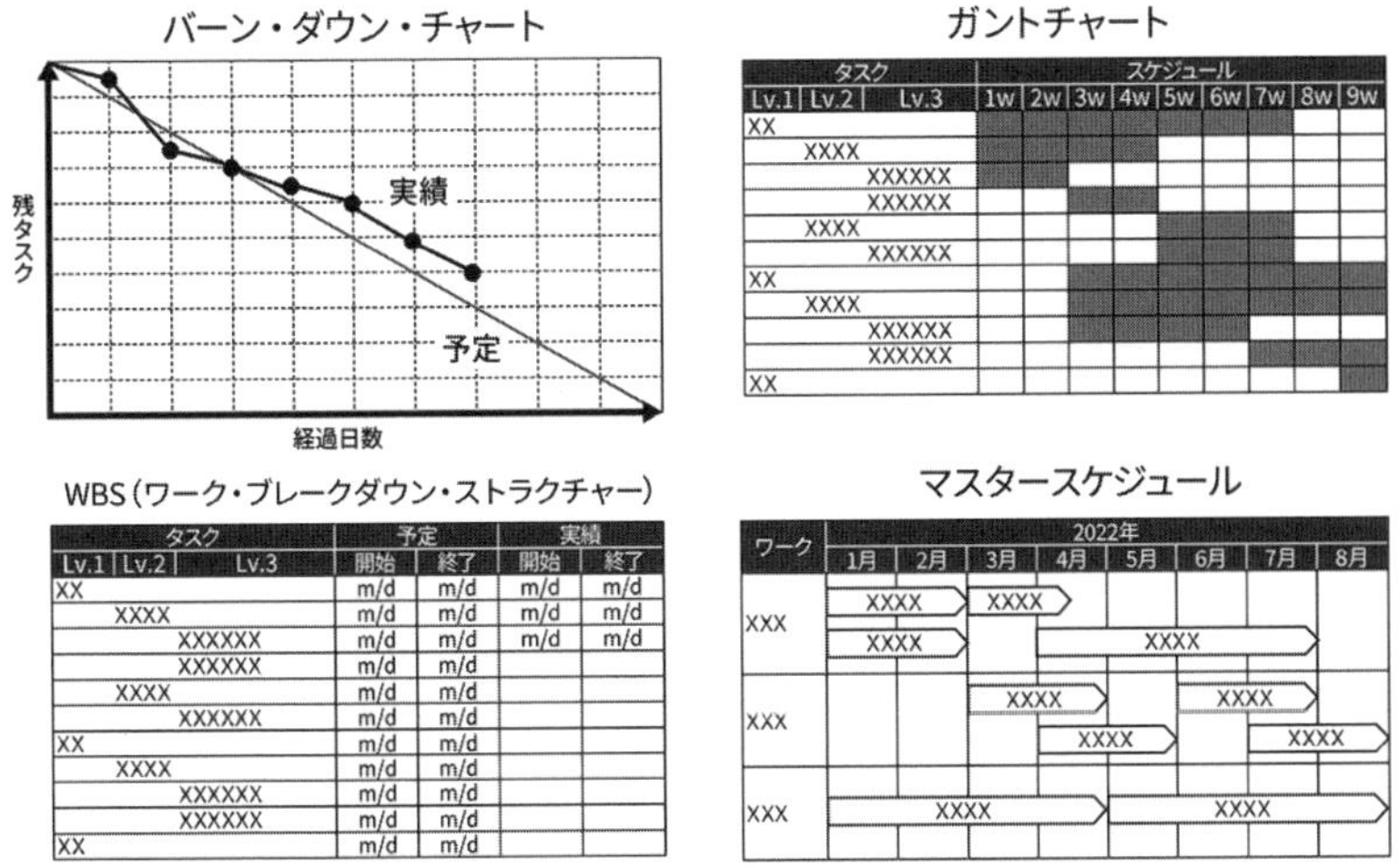

図　進捗報告資料の例

ステークホルダーが慣れ親しんだ資料に合わせるやり方も（出所：シグマクシス）

大切なのはアジャイル開発を教科書通りに進めることではなく、報告される側にとっての分かりやすさである。

ポイント4 必要最小限の機能のみを初回にリリースする

開発工程における最後のポイントは「初回リリースの範囲」である。

我々の経験上、SoR領域の社内システムを刷新する場合、システム部門やユーザー部門の管理者は安全策として現行システムの「全機能」の移行を望み、現場のエンドユーザーは現行システムで使っていない多くの機能を捨てて、業務をより効率化する新機能を望む傾向がある。システムの6割の機能は使われていないとされるなか、システム部門や管理者の要望だけを重視すると、コストや期間に無駄が生じる恐れがある。

お勧めしたいのは、初回リリースの範囲を思い切って「利用頻度の高い最小限の機能」に限定することだ。最小限の機能でまずは現場に使ってもらい、フィードバックと修正を繰り返したほうが、価値が高く品質も高いシステムを効率的につくれる。もちろん工数も最小限に収められる。

ある企業で案件管理システムを刷新したプロジェクトでは、まず現場のエンドユーザーに現行システムでどんな機能を使っているかと現行システムの課題を直接ヒアリングした。すると

「一覧表示の中から表示したいデータを探しにくい」「現状は使われていない複数の機能・画面がある」などの課題が浮かび上がった。

これを基に初回リリースでは「登録日付」「担当者」「案件種別」といった利用頻度の高い項目に絞った検索機能や必須項目に絞った情報登録機能など、業務の運用に最低限必要な機能のみに限定した。これを２週間使ってもらい、２回目のリリースではそのフィードバックに基づいた新たな機能のみをリリースした。

３回目以降のリリースでも既にリリース済の機能に関連するフィードバックがほとんどであり、「現状使われていない複数の機能・画面」を復活させたいとの要望はなかっ

既存バックログ一覧

優先順位	バックログ	利用頻度*
1	A機能	常に利用する（7%）
2	B機能	よく利用する（13%）
3	C機能	
4	D機能	稀に利用する（16%）
5	E機能	
6	F機能	
7	G機能	ほとんど利用しない（19%）
8	H機能	
9	I機能	
10	J機能	全く利用しない（45%）
11	K機能	
12	L機能	
13	M機能	
14	N機能	
15	O機能	

初回リリース対象の足切りライン

*出所：米スタンディッシュグループ『Chaos Report 2002』

図　初回リリースの範囲の例

「本当に使う機能」だけに絞り込む（出所：シグマクシス）

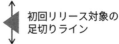

た。初回リリースの機能を絞る決断により、結果的にユーザー価値が非常に高いシステムに仕上げることができた成功事例といえる。

ここまで、実際の開発工程におけるポイントを解説した。次章ではアジャイル開発ならではのリリース後の留意点やチームづくりのコツを解説する。

第4章

「初回リリース」からがいよいよ面白い　成長続けるアジャイルチームのつくり方

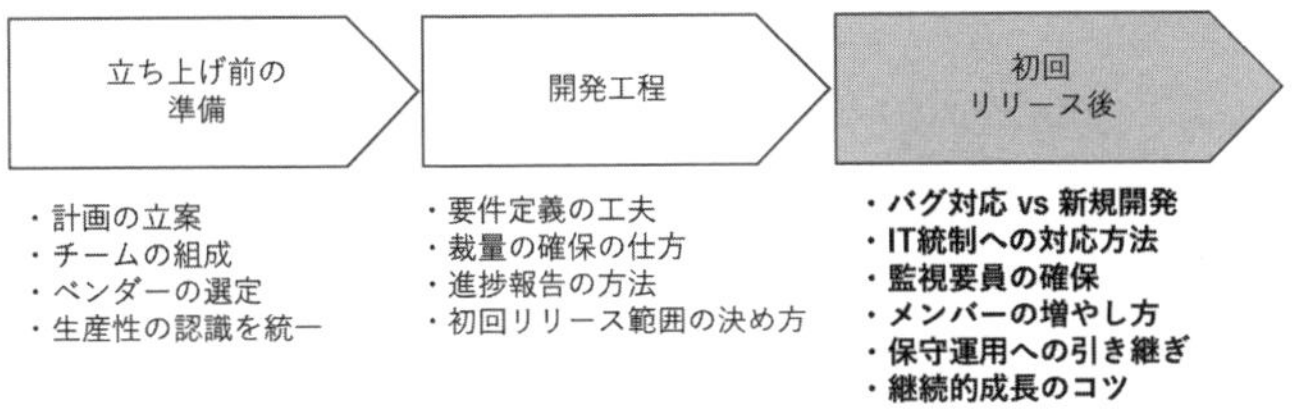

図　本章で説明する範囲を網掛け部分で示した

基礎編の第3章までで、プロジェクト立ち上げ前の準備における工夫や、初回リリース（本番稼働）前の開発工程におけるポイントについて解説してきた。アジャイル開発における「計画」の重要性や、開発ベンダーを含めたチーム作り、アジャイルチームの裁量を確保して自治区を広げること、そのためにもステークホルダー向けに分かりやすいドキュメントで進捗報告をすることなどだ。

続く本章では、初回リリース後（図参照）に注意すべき６つのポイントについて、事例を交えながら解説する。

ポイント1

バグ対応と新規開発、優先させるのはどっち?

1つ目のポイントは優先すべき対応事項の決め方だ。

よく知られる通り、アジャイル開発ではリリースはゴールではない。リリース後も開発を続け、より価値の高いシステムを提供していくことが前提の開発手法である。原則として開発チームは初回リリース後も開発し続け、「バグの修正」「機能の改善」「新規機能の開発」の3つを並行していくことになる。

対応優先度を決めるに当たり、エンドユーザーはシステムを減点方式で評価するケースが多く、良い部分（実現できたこと）よりも悪い部分（不具合やバグ）に目を向けがちだ。そのためエンドユーザーからの批判を減らしたい情報システム部門や現場部門の管理者は、ユーザー側の代表者としてプロダクトの価値を最大化する役割を担う「プロダクトオーナー（PO）」に対して「できるだけバグを早く解消したい」と働き掛けてくる。

開発者自身もウオーターフォール型開発で習慣となった請負契約における瑕疵（かし）担保責任の感覚に追い立てられて、バグ修正から先に手を付けるものだ。「バグだから」「すぐに対応できるから」と優先順位を上げて作業しがちだが、1つのバグの修正が数珠つなぎで他のバグ修正につながる例は珍しくなく、そうなると結果的に対応に多くの時間を費やしてしまう。

実際に現場のエンドユーザーにヒアリングすると、バグの修正よりも機能の改善や新機能の開発を優先してほしいという声は少なくない。限られた工数で最大限の価値を出すには、無条件にバグの修正を優先するのではなく、「バグの修正」「機能の改善」「新機能の開発」を同じ基準の土俵に上げたうえで優先順位を決める必要がある。

マトリクスで優先順位を決める

ある企業が社内で使う「通知・通達システム」をアジャイル開発で再構築した際、初回リリース後に出てきたバグや要望への対応優先順位を「業務への影響度」と「対応工数」の２軸のマトリクスを使って評価した。「フォントの色が違う」「項目名が統一されていない」といったバグは、表記を統一してエンドユーザーに分かりやすくするという点では修正する意味があり、対応工数としては軽微である。

だが投資対効果の評価基準に照らすと修正する「価値」は高くないため、バグ

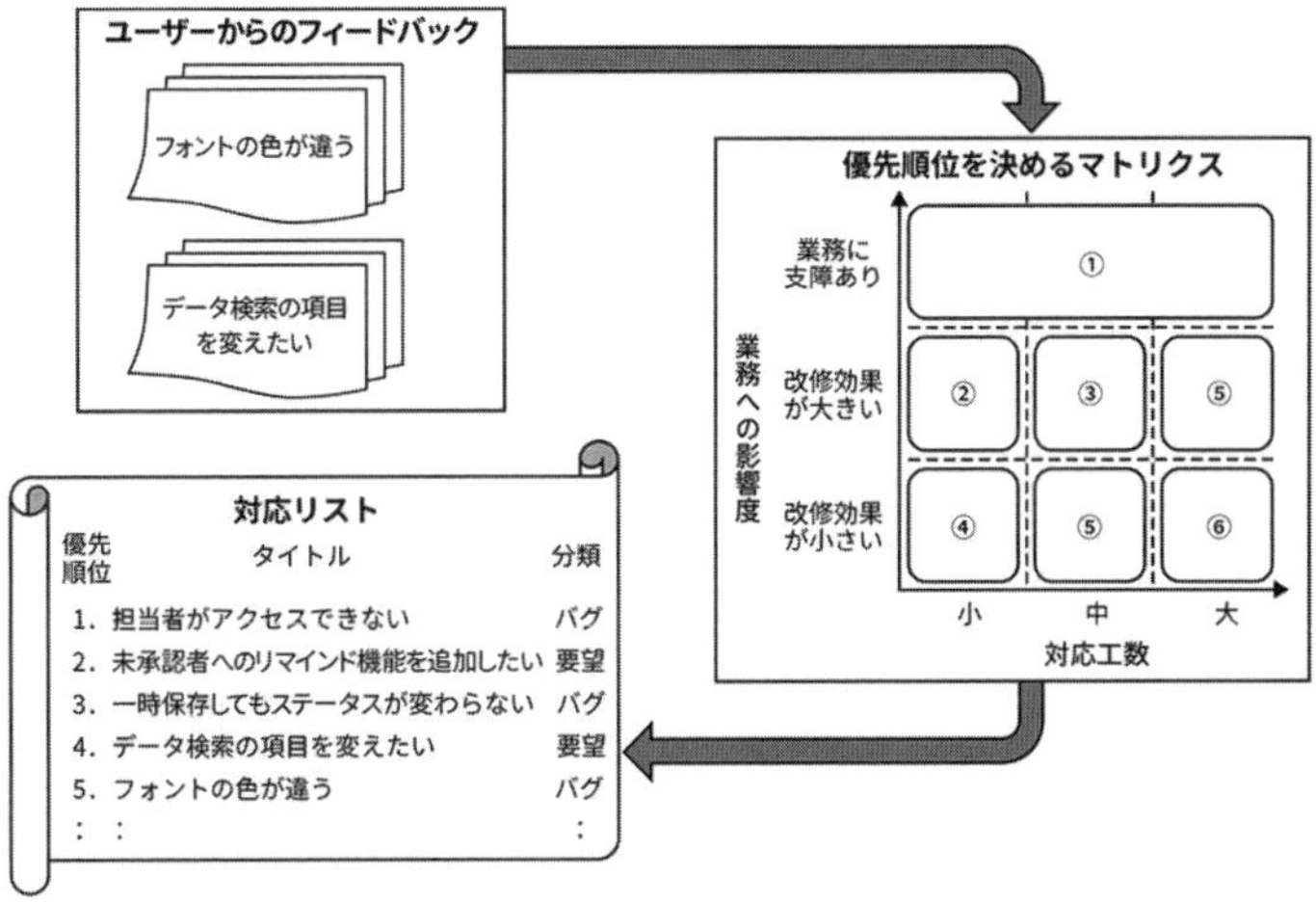

図　作業の優先順位を決めるプロセス

「バグ」と「要望」のどちらを先に対応するかを同じ土俵で決める（出所：シグマクシス）

対応を先送りした。これに対してエンドユーザーの批判はなかった。対応を優先させた追加機能の業務への効果が、バグ修正の効果を上回っていたからだ。特定の条件でのみ発生する頻度の低いバグの対応も同様に遅らせたが、現場からの不満は出てこなかった。

ポイント2 IT統制と予算を意識しているか

2つ目のポイントは「IT統制」とお金についてである。

上場企業やその連結子会社には内部統制が求められており、システム部門はIT統制に取り組む必要がある。これまでウオーターフォール型開発に合わせて構築してきたIT統制をアジャイル開発に合わせて一部見直す必要がある。

具体的にはIT統制の観点では「新規開発中の機能」と「リリース後の機能」を明確に分ける必要がある。「新規開発中の機能」については開発者が随時デプロイできる一方、「リリース後の機能」についてはそれを許してはいけない。

「リリース後の機能」にはエンドユーザーが使う業務データが蓄積されているため、データの改ざんを防ぐ必要があるためだ。新規開発の機能とリリース後の機能でデプロイ手順が異なると開発チームが混乱するケースもあるだろう。

手順を統合する際は「より厳格な手順」に統合することが求められる。つまり新機能をリリースする場合もデプロイを開発した本人以外に依頼するなど、ＩＴ統制を考慮した手順とする必要がある。

お金の観点では作業ごとに構築費か運用費かを区別する必要が出てくる。前述の通り、開発チームの作業は「バグの修正」「機能の改善」「新規機能の開発」が混在する。予算上は「バグの修正」は運用費で「新規機能の開発」は構築費に当たり、「機能の改善」は構築費か運用費か認識を関連部門担当役員・部門長と合わせておく必要がある。

ＩＴベンダーを開発チームに加える際は、チームが「バグの修正」「機能の改善」「新規機能の開発」の３つに同時並行で取り組むため、契約時にそれぞれの金額を正しく予測することは難しい。開発メンバーの今の作業は３つのうちどれに当たるのかをタスクやチケットにフラグを付けることで判別できるようにして、適宜それぞれの費用を算出できるようにしておくことが欠かせない。

ポイント３

開発チームに「監視」させない

３つ目のポイントは監視についてである。結論から言うとインフラやプロセス、性能を24時間監視する役割を開発チーム以外が担当するようにしておくとよい。

アジャイル開発では、効率良く対応できるという理由で、機能をつくった開発者がリリース後もバグ修正や改修を担当するケースが多い。ここに飛び込みのバグ修正や日々の監視を担当させるのは生産性が大きく下がる原因になる。

ある企業が新規デジタルサービスのアジャイル開発に取り組んだ際、開発チームが初回リリース後に開発作業を続けながらシステム監視も請け負った。24時間の監視と障害対応は人的リソースが足りずに諦め、基本は営業時間中のみ対応し、営業時間外はベストエフォートで対応するとした。

ある日、営業時間外に「常にエラーダイアログが表示される」「読み込み時間が長過ぎる」といった障害が発生した。開発チームは気づかなかったが、幸い別のメンバーが偶然見つけてアラートを出し、開発者が急きょ対応した。

ただこれは不幸中の幸いで難をしのいだにすぎず、社内システムでも同様のトラブルは発生しうる。

ポイント4 「ペア設計」で新メンバーを増やしていく

4つ目は開発メンバーの増員についてのポイントだ。

開発量に応じて開発メンバーを増やしたり開発チームを追加したりすることは日常の風景だ。アジャイル開発はウオーターフォール型開発よりもドキュメントが少ない分、新メンバーに短期間でプロジェクトの内容を把握してもらうように努める必要がある。

「要件定義書や設計書がないため開発内容を理解するのに時間がかかる」「コーディング規約がないためチームの『作法』にのっとったコーディングができず、既存プログラムとの不整合が生じ保守性が下がる」――。手を打たないと日常的にこういったトラブルが発生するだろう。

ある企業は基幹系システムをアジャイル開発で刷新したプロジェクトで、新規メンバーを追加する際に既存メンバーとペアを組ませた。そのペアで設計させることを通して、ステークホルダーや開発チームからの情報の集め方、既存資料の見方、具体的な設計手法、現行業務の内容を共有した。

こういった、２人で１つのコードを書くペアプログラミングの手法を拡張した「ペア設計」とでも言うべき手法により、設計のノウハウだけでなく、開発チームの文化も伝えられ、チームを円滑に拡大できた。

開発チームの追加もこの考え方があてはまる。新規参入メンバーを中心に構成し立ち上げるのではなく、既存のチームにメンバーを増員し、拡大させた後、細胞分裂のようにチーム数を増やしていくべきだ。

ポイント5 ドキュメントなしに保守運用チームへ引き継ぐ方法

5つ目は開発チームから保守運用チームへの引き継ぎにおけるポイントだ。

一般にウオーターフォール型開発では本稼働を境に、開発チームが保守運用チームに業務全般を引き継ぐ。一方、アジャイル開発はリリース後も開発を続けるため、保守運用チームへの引き継ぎという考え方がない。当然、ウオーターフォール型開発で用意していたような保守運用のための引き継ぎドキュメントもつくらない。

既存の組織体制に合わせて保

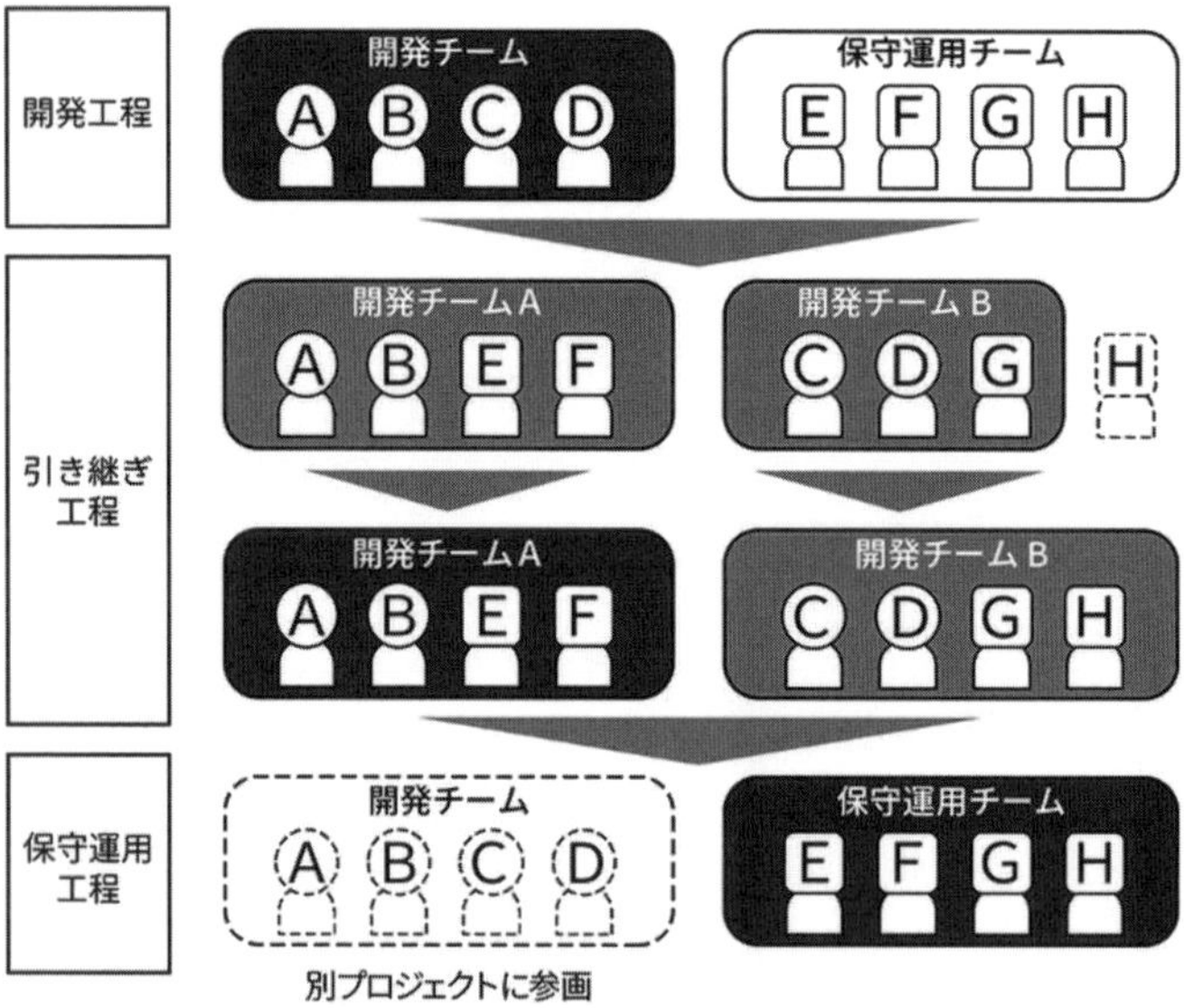

図　開発チームから保守運用チームへの引き継ぎ手法
(色が濃いほど生産性が高い)
保守運用メンバーを徐々に開発チームに合流させる(出所:シグマクシス)

守運運用チームに引き継ぐ場合は、開発チームに意図的にドキュメント作成のタスクを追加するか、保守運用チームを開発チームに合流させて口頭や経験を通して業務を引き継ぐ必要がある。

合流させる場合、一度に大量の保守運用メンバーを合流させることは避けたほうがよい。「これまでの当たり前」が通じないメンバーが急に増えると、開発チームの生産性が大幅に下がるリスクがあるためだ。

合流期間は最低でも2イテレーションは欲しい。1イテレーション目は開発チームのやり方を学んでもらう期間とし、2イテレーション目は実際に開発チームの一員として、タスクを実施し、必要に応じてやり方を修正してもらう期間である。

ポイント6　DXの「核」となるチームへ

最後のポイントはアジャイルチームを成長させ続けるためのポイントである。

現在、多くの企業がDX（デジタルトランスフォーメーション）に取り組み、デジタル技術を業務改革や新サービス創出に生かすべくPoC（概念実証）プロジェクトを立ち上げている。一種のDXブームとも呼ぶべき状況でPoCの乱立ぶりは雨後のたけのこのようだ。

DXの取り組みにはウオーターフォール型開発のアプローチより、とにかく試してみるというアジャイル開発のアプローチのほうが格段に適している。社内システムの刷新プロジェクトを通して成長したアジャイルチームをさらに成長させるのがDXの舞台である。

経営層がDXに取り組むチームだと宣言し、デジタル技術を持つメーカーやベンチャー企業から技術者を増員して、PoCに専念させる。社内の業務や既存システムを熟知しているため立ち上がりが早く、また社内システムを担当する他のチームとも連携できる。1つのPoCで培ったノウハウを他のPoCにも生かせる。

次世代を担う人材育成の場にする

アジャイルチームをDXに専念させることで人材育成もはかどる。POやPPO（代理プロダクトオーナー）、SM（スクラムマスター）といった役割の後継者を鍛える場となると同時に、大き過ぎないサイズのプロジェクトで社内

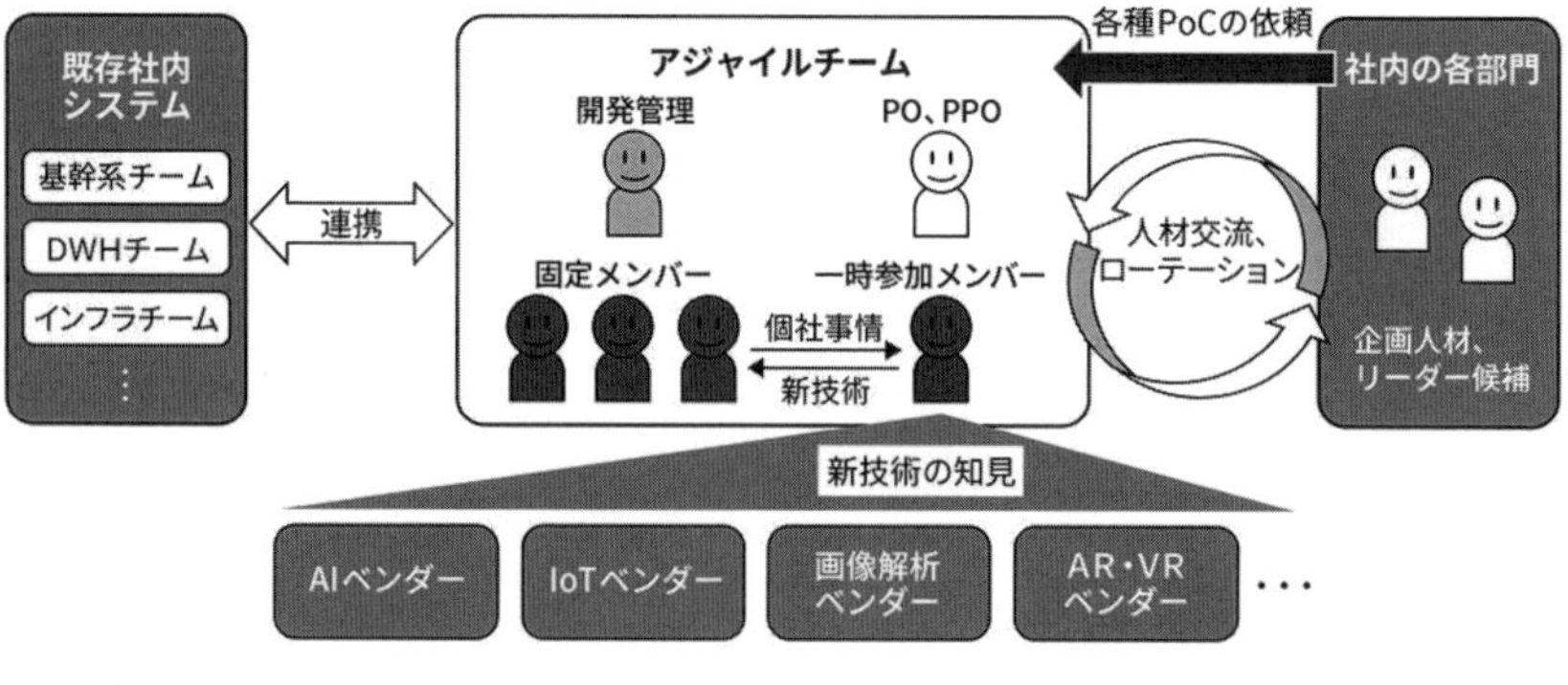

DX：デジタルトランスフォーメーション、PoC：概念実証、DWH：データウエアハウス、PO：プロダクトオーナー、PPO：代理プロダクトオーナー、AI：人工知能、IoT：インターネット・オブ・シングズ、AR：拡張現実、VR：仮想現実

図　アジャイル開発チームをDXの推進チームに任命した例

PoCを通してアジャイル開発の成功体験を広げる（出所：シグマクシス）

の様々な業務と最新技術を学べるため、次の世代を担う新人を育てるのにも適している。

「卒業」したメンバーがそれぞれの部署で新しいアジャイルチームを立ち上げ、またそこでも人が育っていく――。そんな好循環が回り出すと、アジャイル開発の成功体験と理解者が社内に増え、そこではじめて「アジャイル開発に適した組織への変革や文化の醸成」に歩を進めることができる。

まずはできる所から小さく始め、継続していくことが、成功への第一歩である。

第2部

実践編

第1章

アジャイル開発の「企画」に落とし穴
失敗は初めに決まってしまう

「基礎編」では、アジャイル開発とウオーターフォール型開発の特性を比較しながら、アジャイル開発の経験が少ない日本企業が組織や文化を大きく変革せずにSoR（System of Record）領域の業務システムのアジャイル開発を成功させるうえで、理解しておきたい基礎的なポイントを解説した。続く「実践編」では、実際のアジャイル開発プロジェクトを運営する現場で必要となる項目に焦点を当てて、より詳細に掘り下げて解説していく。

実践編の第1章では、プロジェクトの企画段階において注意したい7つのポイントを解説する。経験上、いずれもやりがちで、し損じればプロジェクトの失敗に直結する内容だ。

アジャイル開発に限らずどのようなプロジェクトでも、企画段階での検討やステークホルダー（プロジェクトに関わる利害関係者）との合意形成が不十分なままではその後のプロジェクトのかじ取りが困難になる。一度与えてしまった誤解を解くには当初の説明の何倍もの時間と労力が必要となるからだ。

大切なのは、開発の開始前に、ポイントを絞って検討と合意を積み上げていくことである。それでは7つのポイントを見ていこう。

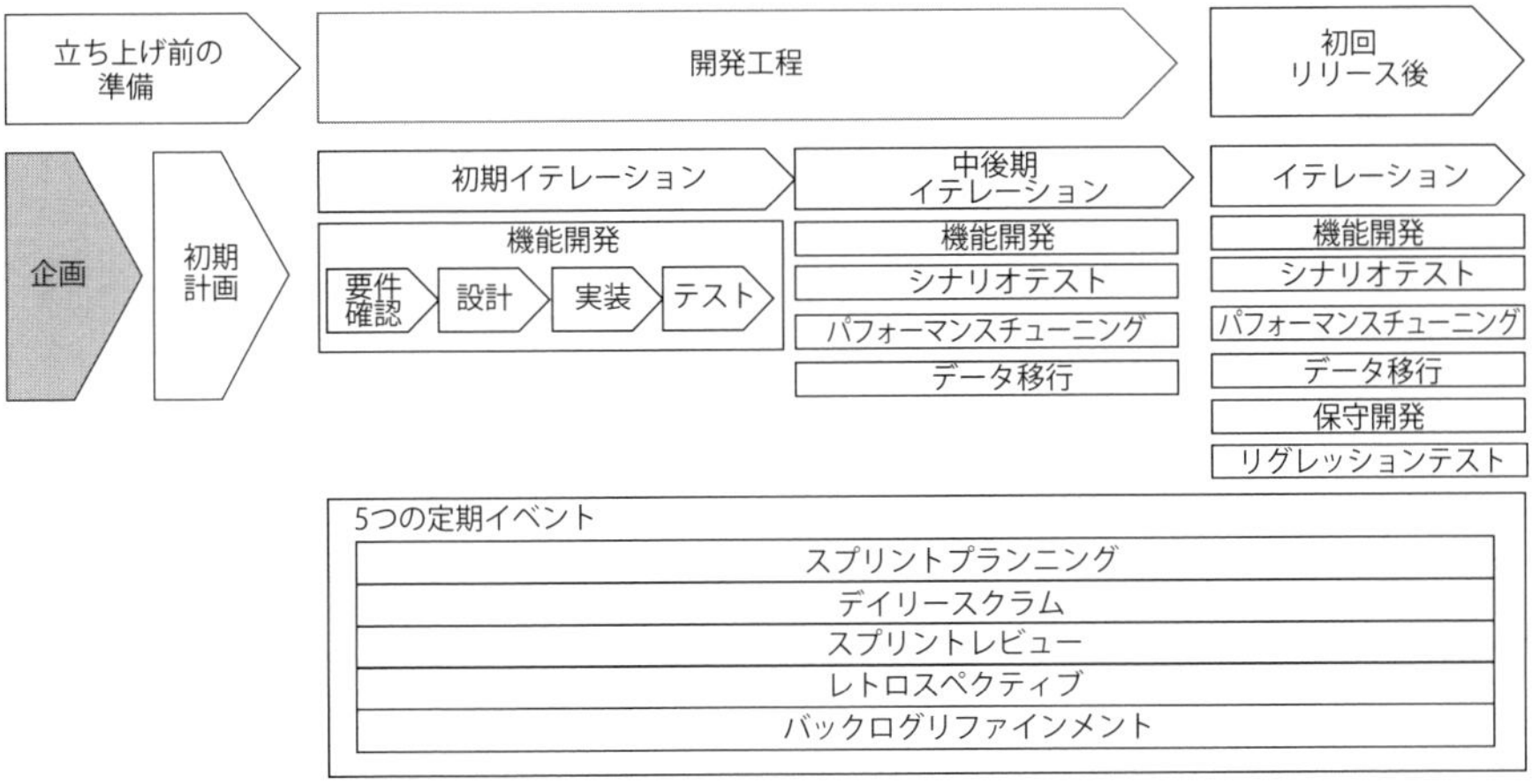

図　本章で説明する範囲を網掛け部分で示した

ポイント1

「アジャイル開発の理解」は相手により濃淡を付ける

ポイントの1つ目はアジャイル開発の「理解」に関するものだ。

基礎編の第1章でも述べたがアジャイル開発にはまだ誤解も多い。そうした中で、アジャイル開発プロジェクトの最初の難関は、全てのステークホルダーにアジャイル開発を理解してもらうことと考える人が多いことだ。全員から理解を得る難しさの前に、アジャイル開発の採用を諦めてしまった人もいるだろう。

ただ実際には、全ステークホルダーからアジャイルについて完全な理解を得る必要はない。肝は相手に合わせて濃淡を付けた効率的な説明にある。

ステークホルダーの中でも、システム開発や組織変革に興味がある人にはアジャイル開発を理解してもらいやすいものの、アジャイル開発に期待し過ぎていたり誤解したりしている人も多い。システム開発の興味や理解がそれほどでもない人にとっては、アジャイル開発はまだなじみが薄い考え方であり、聞きなれない専門用語も多いため、断片的な説明で十分に理解してもらうのは難しい。

だからと言って、経営層を含む全プロジェクト関係者（アジャイルチームおよびステークホルダー）にアジャイル開発の研修を受けてもらうことは、最初の一歩としてはハードルが高過ぎる。さらに言えば、企画段階では、特に事業部門の人にとって、システム開発の手法がウオーターフォール型開発かアジャイル開発かは、興味の対象外であることのほうが多い。

一方、実際にアジャイル開発プロジェクトを推進したり開発を担当したりする「アジャイルチーム」のメンバーには、アジャイル開発の考え方はもちろん、進め方を具体的に理解してもらう必要がある。技術者の中には、アジャイル開発は「設計書をつくらない」「計画を立てない」と誤解している人も一定数いる。チーム組成の段階で、イテレーションの取り組み方やチームのアウトプットなど細かな点も考え方を合わせておく必要がある。

メリットを明確にして伝える

具体的にはどうすればよいのか。鍵を握るのが、プロジェクトの代表者としてプロダクトの価値を最大化することの結果に責

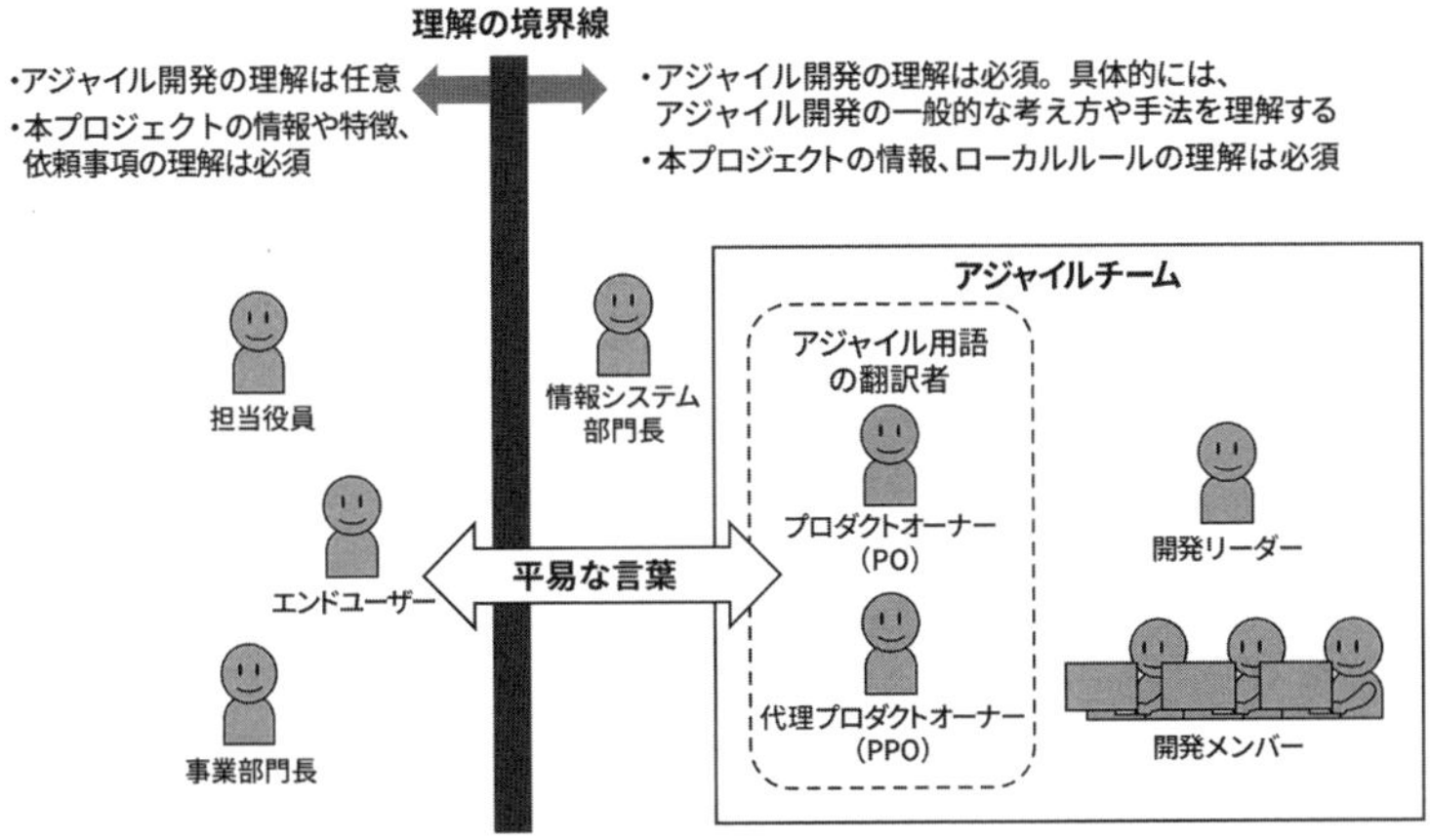

図　アジャイル開発理解の境界線
プロジェクト関係者に一律の理解度合いを求めない（出所：シグマクシス）

任を持つ「プロダクトオーナー（ＰＯ）」や多忙なＰＯを支援して調整役やリーダー役を担う「代理プロダクトオーナー（ＰＰＯ）」である。

ＰＯやＰＰＯはアジャイル用語の「翻訳者」として振る舞い、アジャイル開発に関する理解の「境界線」の外側にいるステークホルダーに対して、平易な言葉を使ってメリットや注意事項、依頼事項を理解してもらうようにする。ここで注意したい点は、アジャイル開発を免罪符にしないことだ。

例えば操作画面や機能を随時アップデートする理由は「アジャイル開発だから」ではなく、「エンドユーザーのリクエストにいち早く対応する」ためであると、ステークホルダーに分かりやすい言葉で説明し、理解してもらうことが肝要だ。

例としてベンダーとの契約を挙げてみよう。ＰＯやＰＰＯがステークホルダーである関連部門担当役員やユーザー部門担当役員に対し、「アジャイル開発を円滑に進めるために開発ベンダーと準委任契約

表　よく説明を求められる「アジャイル開発の特徴」と「説明の例」

メリットを明確にして特徴を説明する（出所：シグマクシス）

アジャイル開発の特徴	説明の例
開発ベンダーとの契約が請負契約ではなく準委任契約となる	開発期間中に仕様を凍結して事後対応とするのではなく、ビジネス環境やユーザーの要望に合わせてスピーディーに対応したい
頻繁に計画を変更する	変化へ迅速に対応できるよう、計画を柔軟に変更したい。また、変更点と影響範囲を定期的に報告したいので、隔週のプロジェクト定例会に参加していただきたい
成果物としての設計書をつくらない	皆さんにとってなじみが薄い設計書ではなく、実際に動く画面を見てご意見をいただきたい。また、後から成果物として設計書を残せるが、できればその工数を機能開発に投下したい
ユーザー部門の関与が大きい	より使いやすい機能にするため、完成前に何度か実際のユーザーに画面を見てもらったり、試しに使ってもらったりしながら要望を出してもらいたい
完成した機能から順次リリースする	システム導入のメリットをより早く享受するため、全機能がそろうまでリリースを待つのではなく、最低限の機能がそろった段階で順次リリースしていきたい

を結びたい」といきなり説明すると、マイナスのイメージで捉えられる恐れがある。「これまでのシステム開発では、完成責任をベンダーが負う請負契約を結んできたじゃないか。準委任契約はベンダーが完成責任を負わないので、条件として後退しているのではないか」などと思わせてしまうからだ。

そうならないようにするには、アジャイル開発という単語を安易に使わず、メリットを明確にして説明したい。具体的には、「請負契約は開発対象を固定するため、仕様変更のたびに変更契約が必要となる。契約締結後もユーザーの要望を積極的かつスピーディーに取り入れて当初の仕様を改善していきたいので、準委任契約としたい」などと説明するとよいだろう。

ポイント２　企画は「２部構成」で進める

ポイントの２つ目は企画の進め方に関するものだ。アジャイル開発プロジェクトを企画する手法としては「インセプションデッキ」が有名である。

インセプションデッキとは、プロジェクト関係者と向こう半年のプロジェクトの方向性を検討・合意するために使うドキュメントである。「我々はなぜここにいるのか」といった「全体像を捉える設問・課題」と、「解決策を描く」といった「具現化させる設問・課題」がそれぞれ５つずつ、合計10個の設問・課題から成る。一般に完成までに数日から２週間程度をかける。

インセプションデッキは本来、開発メンバーを含むプロジェクト関係者全員で作成する。プロジェクト関係者全員で方向性を合わせることを目的とするためだ。しかし、基礎編で述べたように、日本におけるシステム開発プロジェクトは、外部の開発ベンダーの開発者に開発メンバーとして参画してもらうケースが多い。

その場合、企画を2部構成で進めるとよいだろう。第1部として、インセプションデッキ前半の「全体像を捉える設問・課題」を自社内に閉じて検討する。

それが終わったら開発ベンダーにも参画してもらって、第2部として後半の「具現化させる設問・課題」を完成させるという進め方だ。プロジェクトの目的や優先順位の検討に社外のメンバーが入ることは多くの日本企業の文化になじまず、社内のステークホルダーが「本音」を語らなくなる恐れがあるからだ。

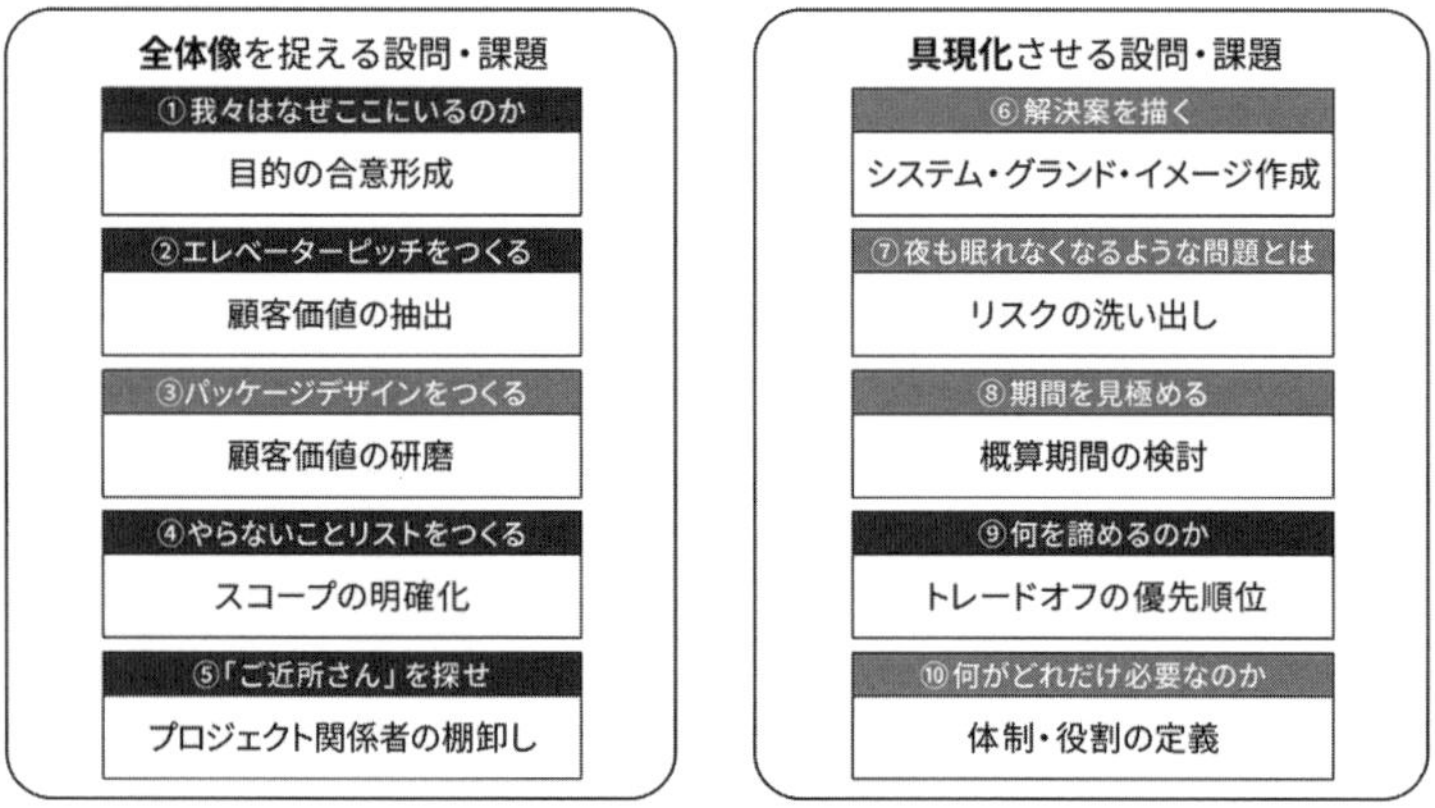

全体像を捉える設問・課題
①我々はなぜここにいるのか
目的の合意形成
②エレベーターピッチをつくる
顧客価値の抽出
③パッケージデザインをつくる
顧客価値の研磨
④やらないことリストをつくる
スコープの明確化
⑤「ご近所さん」を探せ
プロジェクト関係者の棚卸し
具現化させる設問・課題
⑥解決案を描く
システム・グランド・イメージ作成
⑦夜も眠れなくなるような問題とは
リスクの洗い出し
⑧期間を見極める
概算期間の検討
⑨何を諦めるのか
トレードオフの優先順位
⑩何がどれだけ必要なのか
体制・役割の定義

図　インセプションデッキの10個の設問と課題

「インセプションデッキ」を使ってアジャイル開発プロジェクトを企画する

（出所：『アジャイルサムライ――達人開発者への道』〔Jonathan Rasmusson著、西村直人・角谷信太郎監訳、近藤修平・角掛拓未訳、オーム社、2011年〕の46ページを参考にシグマクシス作成）

インセプションデッキの10個の設問・課題のうち、気をつけないとプロジェクトの失敗に直結してしまいかねないものが５つある。以下のポイント３からポイント７までで具体的に説明しよう。

ポイント3 目的と優先順位を常に意識する

ポイントの３つ目は、インセプションデッキの10個の設問・課題のうち最初に取り組む、全体像を捉える設問・課題である「我々はなぜここにいるのか」に関するものだ。プロジェクト初期にプロジェクト関係者全員が集まり、このプロジェクトの目的や方向性を話し合い、合意するステップである。

よくある進め方は、会議室に全員で集まり、付箋に各自の思いや考えを書き込んでホワイトボードに貼り出し、それを基に各人の思いを聞きながら話し合っていくというものだ。人数が多い場合は５～６人単位でチームを分けて、チームごとに進めてもらうとよい。リモートワーク下においては、デジタルの付箋を全員で共有できるツールがあるので活用するのも手である。付箋は思いつく限り何枚でも書いて構わない。その内容に正解・不正解もない。自分の思いや考えを全て出し切ってもらうことが大切だ。

数多く出された付箋を基に「会社がこのプロジェクトに投資する目的は何か」を話し合い、

最終的にプロジェクトの根幹に関わる最も大切な目的を1つ選び、関係者全員で合意する。我々が参画したプロジェクトでは例えば「営業担当者の業務負荷軽減による新規契約獲得件数のアップ」や「顧客情報の蓄積、活用による提供サービスの高度化と顧客満足度の向上」といった目的があった。

最も大切な目的を1つに絞り込めないこともあるだろう。その場合、評価する項目を設けてスコアリングし、比較するとよい。その際の項目は「実現したいことへのフィット度合い」「実現できた際の効果」「業務へのインパクト」「難易度」など。スコアは「大＝3ポイント、中＝2ポイント、小＝1ポイント」といった粒度で構わない。

併せて、「営業利益の増加率や目標額」「コストの削減率や目標額」など、定量化できる目的は値を明確にしておくと、目的の優先順位を決める際に判断材料となりやすい。例えば「売り上げアップ 対 コスト削減」の場合、「20億円の売り上げアップ 対 2億円のコスト削減」と「2億円の売り上げアップ 対 20億円のコスト削減」では、定量的なインパクトが異なり優先順位の付け方が変わってくる。

こうして優先順位を付けて目的を選び出すが、この目的は「永久不変な絶対的正解」ではない。アジャイル開発はプロジェクト関係者がプロジェクトを進めていく過程で、継続的にタスクの優先順位を付けながら、何からつくっていくかを機動的に決めていく。よって、インセプションデッキにある他の「課題・設問」に取り組んだ後で再度ここに戻り、目的の優先順位を考え直してもよい。

全員で同じ思いを共有する

アジャイル開発に慣れていないステークホルダーにとって、この「継続的にタスクの優先順位付けを見直しながら進める」というやり方は腹落ちしにくいようだ。ウオーターフォール型開発と比べて、稼働までの計画が不明瞭に思えたり、システムの最終形がどうなるのかをイメージできず不安を覚えたりするからだ。

もちろんアジャイル開発だからといって、計画がないわけではなく、何でも好き放題につくってもよいというわけでもない。あくまで最短距離で目的を実現するために、「優先順位を付けながら進めましょう」というだけだ。ステークホルダーには最初にこの点を理解してもらうことが必要である。

さて、必ずしも最初に決める必要がないのであれば、なぜ企画段階の最初に「最も大切な目的」を1つ選ぶのか。それはインセプションデッキの設問・課題である「我々はなぜここにいるのか」に取り組む真の目的が、「プロジェクト初期段階から、常に目的と優先順位を意識する」「ステークホルダー全員で同じ思いを共有する」の2点にあるからだ。

初期段階の目的が曖昧で、かつ目的と優先順位についてステークホルダーの共通認識を得ぬままプロジェクトを進めてしまったことによる失敗事例を紹介しよう。

某社のプロジェクトにおいて、関係者のスケジュール調整がつかず、「我々はなぜここにいるのか」を検討せずにプロジェクトを開始した。目的が曖昧なまま要件定義を進めた結果、「目的を実現するための機能」ではなく、「ただユーザー部門が欲しい機能」を詰め込んだ要件定義書となってしまった。

ステアリングコミッティーでPOが要件定義の結果を報告した際、ステークホルダーが思い描いていた「目的」と食い違っていると分かり、このまま開発を進めることは認められないと判断された。そのため、急きょ予算執行部門が予算を調整しスケジュールも見直すことで、一部機能の要件定義をやり直した。その結果、1カ月以上の納期遅れやコストの増大を招いてしまった。

「我々はなぜここにいるのか」のステップでどうしても目的の優先順位を付けられない、絞り込めずにあれもこれも全て同時に満たしたいという結論しか導き出せないのであれば、そのプロジェクトの開発手法としてアジャイル開発は適当ではないといえる。その場合はアジャイル開発の採用を諦める選択も必要になるだろう。

ポイント4 顧客とエンドユーザーの違いを明確に意識する

ポイントの4つ目は、インセプションデッキの2つ目の設問・課題「エレベーターピッチをつくる」に関するものだ。エレベーターピッチとはごく短時間のプレゼンテーションを指す。米国シリコンバレーにおいて、投資家がエレベーターで目的階に着くまでのわずかな間に、起業家が自らの価値を売り込むさまが語源とされている。

　アジャイル開発プロジェクトの企画段階では、アジャイルチーム全員でエレベーターピッチを作成する。具体的には、「何が」「誰に」「どんな価値を与えるのか」を端的かつ明確に可視化する。例えば「需要予測機能付き販売管理システムが」「既存顧客担当の営業向けに」「希望の納期での納品を実現し、売り上げと顧客満足度を同時に向上させる」といったものだ。これにより、自分たちのつくるシステム像が明確になる。

　エレベーターピッチをつくるうえで陥りがちなのは、「誰に」が曖昧であることに気づかないケースだ。「誰に」とは、このシステムの「価値（システムを使うことによって生じる具体的なメリット）」を享受する人、すなわち「顧客」を指す。

　だが、得てしてシステムを使う人、すなわち「エンドユーザー」としてしまいやすい。大切なポイントだが、顧客とエンドユーザーは異なる。たとえ同一人物であっても、価値の享受に焦点を当てた場合、それぞ

分類	説明	記載すること	具体例
対象顧客	潜在的なニーズや課題	○○したい	売上高と顧客満足度を同時に2割アップしたい
	ターゲット顧客	○○な人向けの	営業担当者向けの
対象顧客	製品名	○○という	「Auto Lead time Optimization Keeper（オトリオキ）」という
	製品カテゴリー	○○です。	需要予測機能付き販売管理システムです。
対象顧客	重要な利点、対価に見合う説得力のある理由	これは○○ができ	これはAIによって顧客の需要を予測でき
	代替手段の最右翼	○○と違って	「短納期は断る」しかなかった状況と違って
	差別化の決定的な特徴	○○が優れています。	限りなく希望の納期に納品できるようになる点が優れています。

図　エレベーターピッチの記述例

「誰が何に満足すれば目的を達成できるのか」を絞り込む（出所：シグマクシス）

れに与えるものが異なってくる。

先に例として挙げた「納期短縮により売り上げ増加と顧客満足度向上を目指すシステム」のエレベーターピッチの場合、顧客は自社の既存顧客を担当する営業担当者となる。一方で、エンドユーザーの多くは自社の営業サポート担当者やバックオフィス担当者である。エンドユーザーをターゲットとしたシステム製品の特徴（売り文句）を考えた場合、「必要最小限の入力で生産性が向上します」「入力情報が多角的にグラフで表示できます」などとなり、納期短縮による売り上げ増加と顧客満足度向上に関する要素はほぼ出てこない。

「誰に」が曖昧なままだと、「ユーザー目線」という聞こえの良い言葉に惑わされ、いつの間にか本来開発すべきシステムの姿を見失いがちになる。誰をどう満足させれば価値を実現できるのか、常に本来の目的を意識して考えることが重要である。

MVPをつくる必要はない

アジャイル開発の企画段階では、システムが顧客に提供する価値を特定するため「MVP（ミニマム・バイアブル・プロダクト：検証可能な必要最小限のシステム）」をつくるケースが多い。MVPを顧客に使ってもらってフィードバックを受け、顧客が満足する価値を提供できそうかを検証しながら育てていく。

しかし、SoRのシステムの場合、MVPをつくる必要はない。SoRのシステムを構築する目的は社内業務の滞りのない運営であり、顧客に提供する価値は既に定まっているからだ。

さらにアジャイル開発で既存システムをリプレースする場合、ＭＶＰで一部の機能（業務領域）を先にリリースして顧客やエンドユーザーからフィードバックを得ようとしてもうまくいかないケースがある。既存システムと新システムへの２重入力などでユーザーの負荷が著しく高まったり、既存システムと新システムとのデータ連携が必要になったりするからだ。

ポイント5　「やること」よりも「やらないこと」をまず決める

ポイントの５つ目は、インセプションデッキの４つ目の設問・課題「やらないことリストをつくる」に関するものだ。やらないことリストとは、これからシステムを構築するうえで、それぞれの機能やタスクに関して「やる」「やらない」「後で決める」ことを明確にするために使う一覧表である。

「やらないことリスト」に挙げる内容には機能やタスクを書く。挙げるものの粒度は特に問わない。具体的な「〇〇参照機能」でもよいし「ツールの導入」のような大きなタスクでも構わない。プロジェクト関係者全員で考えてリスト化してスコープを切り分ける。

リスト作成に際して最も重要なのが、「やらないこと」を必ずステークホルダーとＰＯ・ＰＯが合意することである。合意しておかないと「それを当然やると思っていた」といった食い違いが生じ、検討や優先順位の見直しなどにつながりかねない。「やらないこと」をやる

やる（解決すべき課題）	やらない（今回は気にしない）
・需要分析、販売や営業における機会損失の分析 ・AI製品の評価・選定 ・需要予測機能の開発 ・在庫管理システムとの連携機能の開発	・年間受注件数の少ない品目の需要予測 ・5年以上前のデータの利用 ・外部情報サイトからのデータ取り込み
後で決める（やるかやらないかを後で決める）	
・データ分析で使うBI（ビジネスインテリジェンス）ツールの導入	

図　やらないことリストの記述例

「やらないこと」は必ずステークホルダーと握っておく（出所：シグマクシス）

ことは、「やること」をやらないことよりも骨が折れる。

なぜ「やること」リストではなく「やらないこと」リストなのか。あえて「やらないこと」を挙げるメリットは3つある。

1つ目は、本当に必要な「やること＝ニーズ」が明確になり、必要最小限で効率的に開発できるようになることである。2つ目は「やらないこと」を気にすることなく「やること」だけに集中して開発に取り組んでいけるようになることだ。3つ目は「やらないこと」をログとして残しておくことで、後々「やるやらない」のトラブルを防げることである。

あえて「やらないこと」を考える

ユーザー部門にとって、新システムへの期待は大きいものだ。開発チームが「どんなことを実現したいですか？」と聞けば、あれも欲しいこれも欲しい、あれもやりたい、これもやりたいと、止めどなく出てくるだろう。新システムのイメージが固まり切っていない企画初期段階では特に、「それって本当に必要ですか？」という要望も出てきがちだ。

そこで、あえて「やらないこと」を考えることが重要となる。あれもこれもと思い付くところで一旦立ち止まり、やらないことを考えることで、あれもこれもの思い付きが本当に必要なものか、実はあっても使わないのではないかとユーザー部門が気付くケースも多い。

人は、今現在持っているものをなかなか捨てられない。捨てることにちゅうちょを覚えるのは、捨てることにより生じるかもしれない不利益を回避したいためだ。システム開発でそれが顕著に表れるのが既存システムのリプレース案件で聞く、「その機能は今あるから現行踏襲で」というフレーズである。

我々の過去の経験では、新システムでほとんどの処理が電子化され、帳票の出番がなくなると分かっているにもかかわらず、今出力しているからという理由で帳票を残したがるユーザー部門代表者がいた。このケースにおいては、ＰＯまたはＰＰＯがアジャイル研修を企画してステークホルダーに参加を依頼したり、セッション内での啓蒙活動などを通じて「無駄なものをつくらない」メリットを共有したりすることで、エンドユーザーの意識改革を進め、最終的には帳票出力画面も帳票そのものもつくることなく開発を進められた。

「やらないこと」と同様に「後で決めること」を定義するのも重要である。何でも「今すぐにやる」もしくは「やらない」と決める必要はない。検討に時間がかかる事項や、システムリリース後の保守運用に関するタスクなど、企画段階で時間をかけて結論を出す必要はないが、ゆくゆくは決めないといけない事項を可視化し、その理由と検討期限を明確にしておくことで、検討漏れや考慮漏れを防げるようになる。

ポイント6

ステークホルダーを見落とさない

ポイントの6つ目は、インセプションデッキの5つ目の設問・課題「『ご近所さん』を探せ」に関するものだ。

ここではプロジェクト関係者、とりわけステークホルダー「全員」をリストにまとめて可視化する。プロジェクト開始時に直接プロジェクトに参加する人たちの体制図はつくるものの、間接的に影響を与える可能性のある人たちについては各自の頭の中にあるだけで、積極的に洗い出したり可視化したりはしないプロジェクトが多い。

ステークホルダーの可視化が不十分だったプロジェクトで起こったトラブルを紹介しよう。営業活動を可視化し、業務効率向上と働き方改革を支援することを目的とした新システム構築プロジェクトにおいて、初期段階でのステークホルダーには業務ユーザーとIT部門だけが体制図に記載されていた。体制図に従って開発チームは業務要件をヒアリングする際、業務ユーザーへのヒアリングを済ませた。

だが一方で別のプロジェクトが進んでいた。営業本部長の命を受けた外部の業務コンサルタントが働き方改革に向けた業務改善方針を検討しており、新システム構築プロジェクトで洗い出したユーザー要件とは異なる方向で、業務改善の方針を整理していたのだ。

新システム構築プロジェクトからはこのコンサルタントの動きが全く見えていなかった。実はステークホルダーの１人はコンサルタントの存在と活動を知っていたが、コンサルタントが新システム構築プロジェクトに直接参加しているわけではないので情報を共有していなかった。

最終的には、別プロジェクトの業務改善方針に合わせるために、新システム構築プロジェクトでユーザー要件のヒアリングと検討をやり直すこととなり、不要な時間とコストが生じた。間接的にでも影響を与える可能性のあるステークホルダーを前もって洗い出し、可視化できていたら、このような事態は防げていたといえる。

こうした失敗を防ぐにはどうすればよいのか。近道はなく、プロジェクト関係者が各自、プロジェクトの目的や特徴、周りの動きなどを考慮し、影響のありそうな人物や組織を積極的に洗い出して共有するしかない。当然プロジェクト関係者だけでは見えない、分からない部分もあるが、例えば役員会などでプロジェクトの企画を説明する際、プロジェクトに関係ありそうな人や組織、活動などを出席している担当役員に聞いて回り、幅広く探るのも有効な手段だ。

プロジェクトの一員としての意識付け

ステークホルダーを洗い出し、可視化するといっても、ただ一覧にすればよいというものではない。それぞれのステークホルダーの役割や責任範囲、力関係、コミュニケーションルート、プロジェクトへの協力度合いを見極め、図で示すような「ステークホルダーマップ」などで可視化して明確にしておく必要がある。

特に、どの組織にでもいる発言力の強い人や、プロジェクトに批判的だったり懐疑的だった

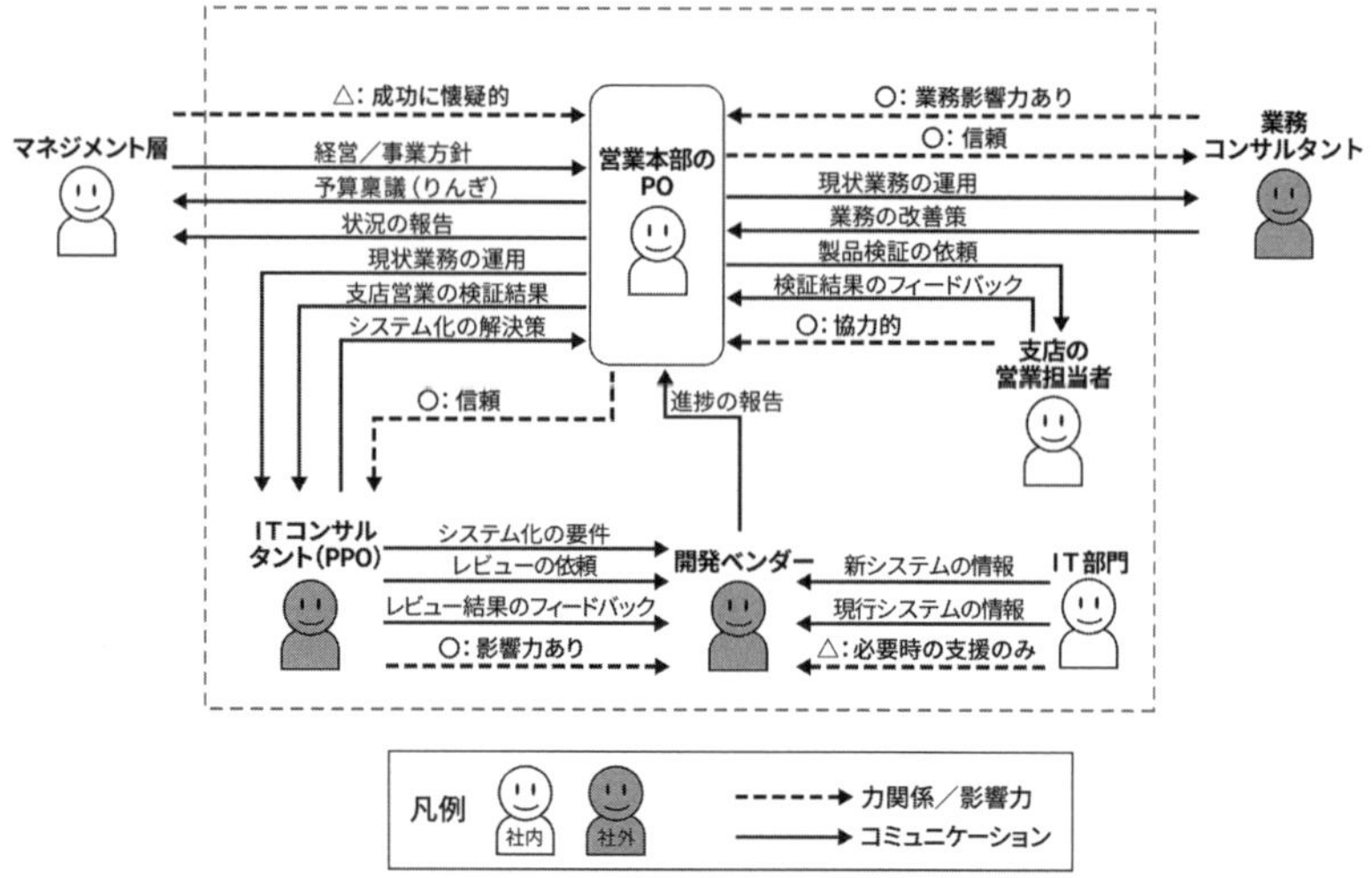

図　ステークホルダーマップの記述例
役割や相関関係を可視化する（出所：シグマクシス）

りする人は、プロジェクトに与える影響が非常に大きい。そのため、それぞれの特性に合わせたコミュニケーションを取っていく。

発言力の強い人には事前に説明や交渉をしておくと強力な援護射撃を期待でき、批判的だったり懐疑的だったりする人には時間をかけて地道に会話し、その要因を排除していくことで味方になってくれる場合もある。プロジェクトを円滑に進めるためには必要な「手腕」といえる。

また「誰とどんなコミュニケーションをとればよいか」を明確にしておくと、ステークホルダー間の認識のずれを防ぐことにもつながる。プロジェクトが進むにつれて、「その件については実は隣の部署が担当しています」など、新たなステークホルダーが明らかになるケースは珍しくないが、その場合も都度可視化する。

ステークホルダーと密に会話をして情報を共有し、方向性の認識を合わせ続けることは、プロジェクトの成功にとって欠かせない。万が一コミュニケーションがおろそかになれば、失敗する危険性がぐっと高まる。

例えば「こんなはずじゃない」「こんなことは聞いていない」「こんなシステムでは困る」と、プロジェクトの途中あるいはリリース間際やリリース後に、一部のステークホルダーからクレームが入る。単に「認識が合っていなかった」だけで、無駄な手戻りが発生し、スケジュールもコストも破綻する。開発側はこれを「ちゃぶ台返し」と思ってはいけない。クレームを入れたステークホルダーは、もともとそうした認識ではなかったのだ。

ステークホルダーとして現場に近い人たちを巻き込む際には、自らがプロジェクトの一員であると意識してもらう必要がある。ポイント２で述べた通り、インセプションデッキの目的は「ステークホルダーを含むプロジェクト関係者全員で方向性を合わせる」ことを目的としている。

ステークホルダーの中には「呼ばれたから来ました」といった消極的な人も出てくる。こうしたステークホルダーが多いと進む議論も進まない。このような状況を避けるには、ステークホルダー１人ひとりに対して、「明確な目標を実現するシステムをつくっていくプロジェクトの一員である」との意識付けが欠かせない。意識付けにおいてはポイント３とポイント４で解説したステップが効果的である。

ポイント7

ＱＣＤＳで重視する指標を決める

ポイントの7つ目は、インセプションデッキの9つ目の設問・課題「何を諦めるのか」に関するものだ。

一般にアジャイル開発では、「品質」「コスト」「納期」「スコープ」、いわゆるQCDSの4つの指標のうち、何を重視するかという「基準」を決めながらプロジェクトを進めていく。その判断基準の優先順位をアジャイルチームとステークホルダーを含むプロジェクト関係者とすり合わせる際に使うのが、「トレードオフドライバー」と呼ぶ考え方である。

トレードオフドライバーでは、プロジェクトの目的や特性に鑑み、「品質」「コスト」「納期」「スコープ」の優先順位を決める。優先順位が最も高いものを4ポイント、最も低いものを1ポイントとする。なるべくポイントが被らないように設定する。ただ優先順位を付けられない場合は、同じポイントでも許容する。

「品質」「コスト」「納期」「スコープ」はどれも重要な指標であるため、その優先順位を簡単には決めにくい。そこで、まず初めに最も重要な指標と最も優先順位が低い指標を決めてしまうとよいだろう。最も重要な指標とそうでないものは、プロジェクトの目的や特性を考慮すれば比較的決めやすいためである。その後、残りの2つの指標の優先順位を決める流れで検討すれば、スムーズに決められる。

表　トレードオフドライバーの設定例
優先順位を明確にしてステークホルダーと認識を合わせる（出所：シグマクシス）

プロジェクトの特性	品質	コスト	納期	スコープ
競合に先立ってのリリースがカギ	3	1	4	2
既存システムの入れ替え	3	2	1	4
ミッションクリティカルなサービス	4	3	1	2
事件的案件、PoC、トライアル	1	4	3	2

例えば新サービスを競合に先立ってリリースする必要がある場合、最優先となるのは「納期」である。最優先の「納期」を順守するには、多少「コスト」がオーバーすることを許容するとし、最下位に「コスト」を設定する。これで４ポイント目と１ポイント目が決まった。

残るは「品質」と「スコープ」だ。どのような形であれサービスをリリースするからには、最低限の「品質」は必要である。一方でリリース最優先であるため、多少のスコープの変更は受け入れるべきだろう。ゆえに、優先順位は、「納期」＞「品質」＞「スコープ」＞「コスト」の順番となる。

優先順位をステークホルダーと事前に合意し、ＰＯやＰＰＯへの権限移譲につなげておくことで、プロジェクト中におけるＰＯやＰＰＯの判断が格段に早まる。例えば開発が遅延した場合や開発アイテムが追加された場合、わざわざステークホルダーに確認せずとも、ＱＣＤＳの優先順位に照らし合わせてＰＯやＰＰＯが開発アイテムの着手順を即座に決められるようになる。

一般にはＱＣＤＳで優先順位を付けるが、プロジェクトの特

表　QCDS以外のトレードオフドライバーの例

プロジェクトの特性に応じて指標を柔軟に追加する（出所：シグマクシス）

プロジェクトの特性	追加する指標の例
プロジェクト目的を重視	・売上高（2割向上など） ・業務効率（工数3割削減など） など
画面のユーザビリティーを重視	・機能性 ・デザイン性 など
非機能要件を重視	・可用性 ・性能拡張性 ・運用保守性 ・移行性 ・セキュリティー ・システム環境、エコロジー など

性に応じて要素を追加する場合がある。例えば画面の操作性を重視するプロジェクトの場合、画面の機能性やデザイン性といった「画面」のドライバーを追加する。

優先順位を変更すべきときは

アジャイル開発の場合、プロジェクトを取り巻く外部環境や内部環境の変化に応じて、ドライバーの優先順位をプロジェクトの途中で変えるケースがよくある。そのため、プロジェクト関係者にトレードオフドライバーについて意識してもらえるようなコミュニケーションを常に心掛けたい。

例えば定例会議の際に、毎回トレードオフドライバーを報告資料の1つとしてアジェンダに組み込むとよいだろう。トレードオフドライバーを変更すべき要因がなかった場合にも、現状の優先順位や、優先順位が変わり得る要因・前提条件を毎回説明することで、どのような状況になったら優先順位を変更すべきなのかを参加者が自然とイメージできるようになる。こうしたコミュニケーションを積み重ねることで、優先順位の変更やそれに伴うスケジュールそのものの変更、機能のリリース順の変更などを理解してもらいやすくなる。

老朽化に伴い社内システムをリプレースするプロジェクトにおける、優先順位の変更の例を紹介しよう。このプロジェクトでは、現行システムで使う外部サービスの終了時期が迫っており、その期限切れの前に新システムで業務関連機能を稼働させるという「納期」が最優先の指標だった。しかし、プロジェクト途中でそれが「スコープ」に変わった。担当役員が別プロジェクトで進めていた生産性向上と周辺システムの連携強化をＰＯに求めてきたからだ。

日々のコミュニケーションがなければ「スコープが重視されることは当たり前だ。今回の方針転換は『変更』ではない」と反論するプロジェクト関係者が出てきていたかもしれない。しかし、隔週の進捗報告の場でトレードオフドライバーについてのコミュニケーションを続けていたため、最優先指標をスムーズに変更できた。

第2章

要件・優先順位・見積もり・契約
アジャイル開発「初期計画」を失敗しない要点とは

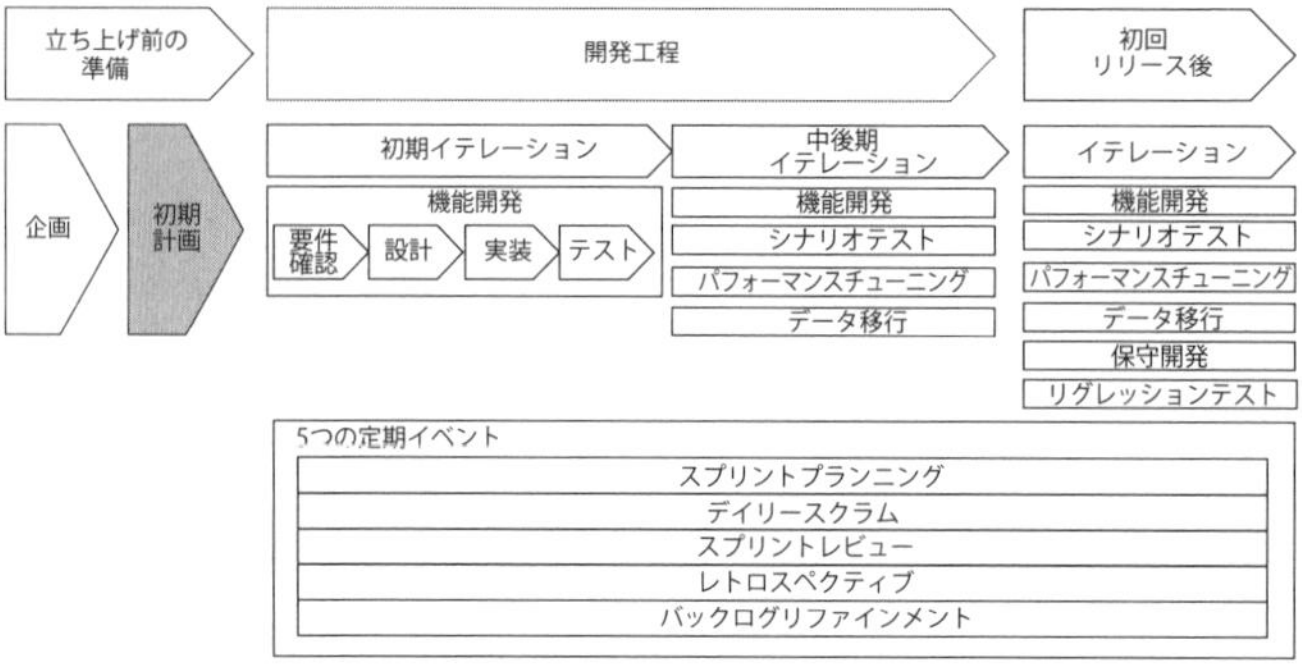

図　本章で説明する範囲を網掛け部分で示した

実践編の第1章では、アジャイル開発プロジェクトを成功に導くために、プロジェクトの「企画」工程で気を付けるべき7つのポイントを解説した。第2章では、プロジェクトの「初期計画」工程（図参照）における重要な7つのポイントを解説する。

アジャイル開発は「プロジェクト途中での変更を受け入れる」ことを前提とするが、プロジェクトのスタート段階ではその時点での「全体を見据えた初期計画」をつくる必要がある。初期計画ではプロジェクト代表者の「プロダクトオーナー（PO）」、または多忙なPOを支援して調整役やリーダー役を担う「代理プロダクトオーナー（PPO）」がリードしながらスコープ、優先順位の付け方、移行やテストといった「通常タスク」の扱い、リリース計画などを決める。

この「初期計画」は最初から綿密に固める必要はないが、ステークホルダーと事前に合意して進めることが欠かせない。どの程度まで決めておけばよいのか、具体的に解説しよう。

ポイント１ ユーザーストーリーを「ちょうどいい大きさ」に整える

本書の「基礎編」では、要件定義においてシステムの全体像や機能の詳細を把握するには、エンドユーザーの要件を「役割（誰が）」「要望（何をしたい）」「理由（なぜ）」の要素で整理した「ユーザーストーリー」だけでなく、ウオーターフォール型開発でよく作成するドキュメントも積極的に採用すべきだと紹介した。具体的にはデータモデルや状態遷移図、フローチャート、画面イメージなどである。

今回は、システムの全体感や機能開発の優先順位をステークホルダーと効率的に合意できるよう、プロジェクトの各段階におけるユーザーストーリーの「サイズ」と「粒度」について解説する。

本題に入る前に、言葉の定義を再確認しておく。プロジェクト全体を通して、それぞれのイテレーションに割り振るタスク（作業）の塊を「プロダクト・バックログ・アイテム（ＰＢＩ）」と呼び、ＰＢＩを一覧で整理したリストを「プロダクトバックログ」と呼ぶ。

ユーザーストーリーはＰＢＩの１要素であるとともにＰＢＩの多くを占める。ユーザース

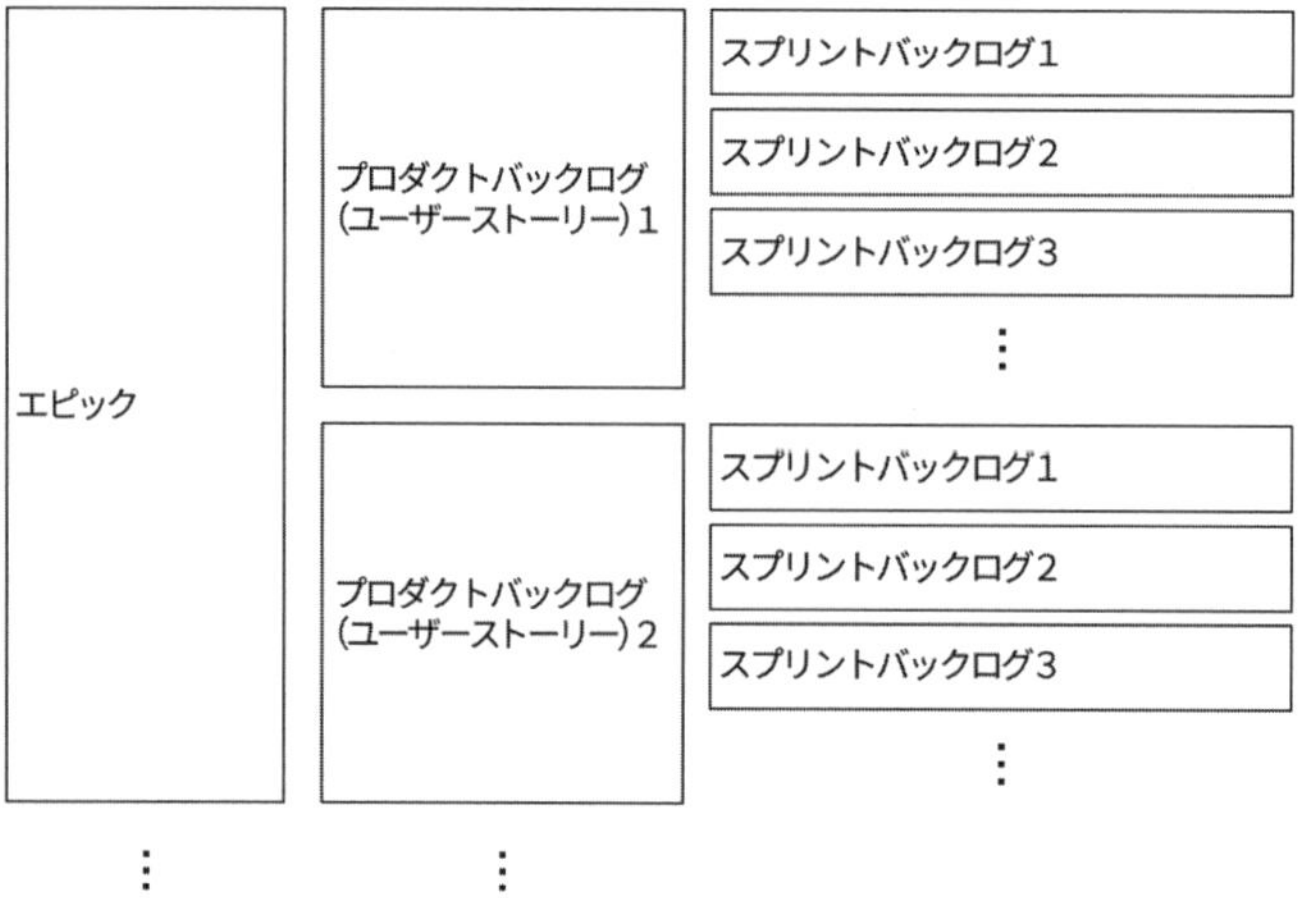

図　エピックとユーザーストーリー、バックログの関係
要件を複数階層で表現する（出所：シグマクシス）

トーリーを束ねる上位概念として「エピック」という言葉を使う場合もある。開発リーダーがユーザーストーリーをタスクに分解し、「スプリントバックログ」として開発メンバーに提示する。

ポイントは優先順位が付けやすいこと

ではユーザーストーリーのサイズと粒度について順を追って説明しよう。

ユーザーストーリーのサイズは標準的な基準や定義があるわけではない。一般には開発チームの人数とイテレーションの期間によって決めていく。まず決めるのはチームのサイズで、次にイテレーションの期間を決める。この決めた1期間で、目安として2〜3個を実装できるようにユーザーストーリーのサイズを決める。

2〜3個である理由は、優先順位を付け

やすいからだ。数が多過ぎると優先順位を付けにくくなってしまう。

例えば６カ月のプロジェクトを、よくある開発チームのサイズである5～7人、イテレーション期間を２週間と仮定してユーザーストーリーの数を算出してみよう。まずはユーザーストーリーがちょうどいい３個の場合、「６カ月×２週間単位のイテレーション×３つのユーザーストーリー」でユーザーストーリーは合計36個となる。36個であれば、全体の把握が比較的簡単で、優先順位付けについてもステークホルダーと合意しやすい。

ここで、１イテレーションで実施するユーザーストーリーを2倍の６個にすると、ユーザーストーリーは合計72個となる。決して無理ではないものの、優先順位付けが難しくなり見積もりに費やす工数が膨れてしまうだろう。

逆に１イテレーションで実施するユーザーストーリーが１個の場合、ユーザーストーリーは12個となる。ユーザーストーリーが少ない場合、１つのユーザーストーリーに大小様々な機能を詰め込みがちになる。１つのユーザーストーリーをリリースさせるために、本来なら後回しにしてもよい小さい機能まで最初からつくり込む必要が出てくるわけだ。

目安ではあるが、ユーザーストーリーは１イテレーション当たり2～3個が適当だろう。

ちょうどいい数のユーザーストーリーになるようにサイズを調整するには、時にユーザーストーリーの「分解」が必要となる。「見積書を作成し、注文を受け付けて管理する機能」を開発する場合を考えてみよう。以下の例は最終的に出来上がる機能は同じだが、ユーザーストーリーとしては、次のどちらかになるだろう。

（a）「見積書作成・受注管理」機能を1つのユーザーストーリーにまとめる
（b）「見積書作成」機能と「受注管理」機能を2つのユーザーストーリーに分割する

どちらが正解かはこの内容だけでは判断できない。チームサイズとイテレーション期間が大きい場合は（a）が好ましく、逆であれば（b）のほうが失敗しにくい。

ユーザーストーリーの「粒度」とは

次に、ユーザーストーリーの粒度について説明しよう。粒度とはユーザーストーリーをどこまで詳細に記載するか、その「細かさ」を指す。

アジャイル開発に不慣れなユーザー部門代表者は、ウオーターフォール型開発と同様に「要件は1回で全てを伝え切る必要がある」と考え、最初からあれこれと要件を詰め込みがちだ。要件定義を担当する開発メンバーも、つい粒度を細かくして「設計レベル」にまで踏み込んでユーザー部門代表者と話を進めてしまいやすい。要件定義の場では互いに納得していても、いざ完成すると「この機能はやっぱり要らない」「他の機能とのインターフェースを考えると要件を変更する必要がある」といった追加要件が出てくるケースがざらだ。

こうした事態を避けるためには、ユーザーストーリーを2段階で詳細化していくとよい。

第1段階として、まずプロジェクトの初期段階では、「役割（誰が）」「要望（何をしたい）」「理由（なぜ）」というユーザーストーリーの書き方に沿ってまとめ、このとき業務の内容や大まかな操作感も記載する。例えば「ユーザー自身の利用履歴として後から見返すために、利用写真を登録する」といった具合だ。

そして、開発の全体感や規模感を把握し、業務プロセスに沿って問題なく業務を遂行できるかを確認するために、プロジェクト初期段階で一度ユーザーストーリーを全て書き出す。このユーザーストーリーに関する優先順位付けはポイント3で後述する。

第2段階に進むタイミングは、前述したユーザーストーリーを次のイテレーションで開発するときである。ここで開発メンバーが設計できるレベルまでプロダクトバックログを詳細化する。

例えば「利用した写真を登録する」「登録する写真の分類は、正面／側面／背面

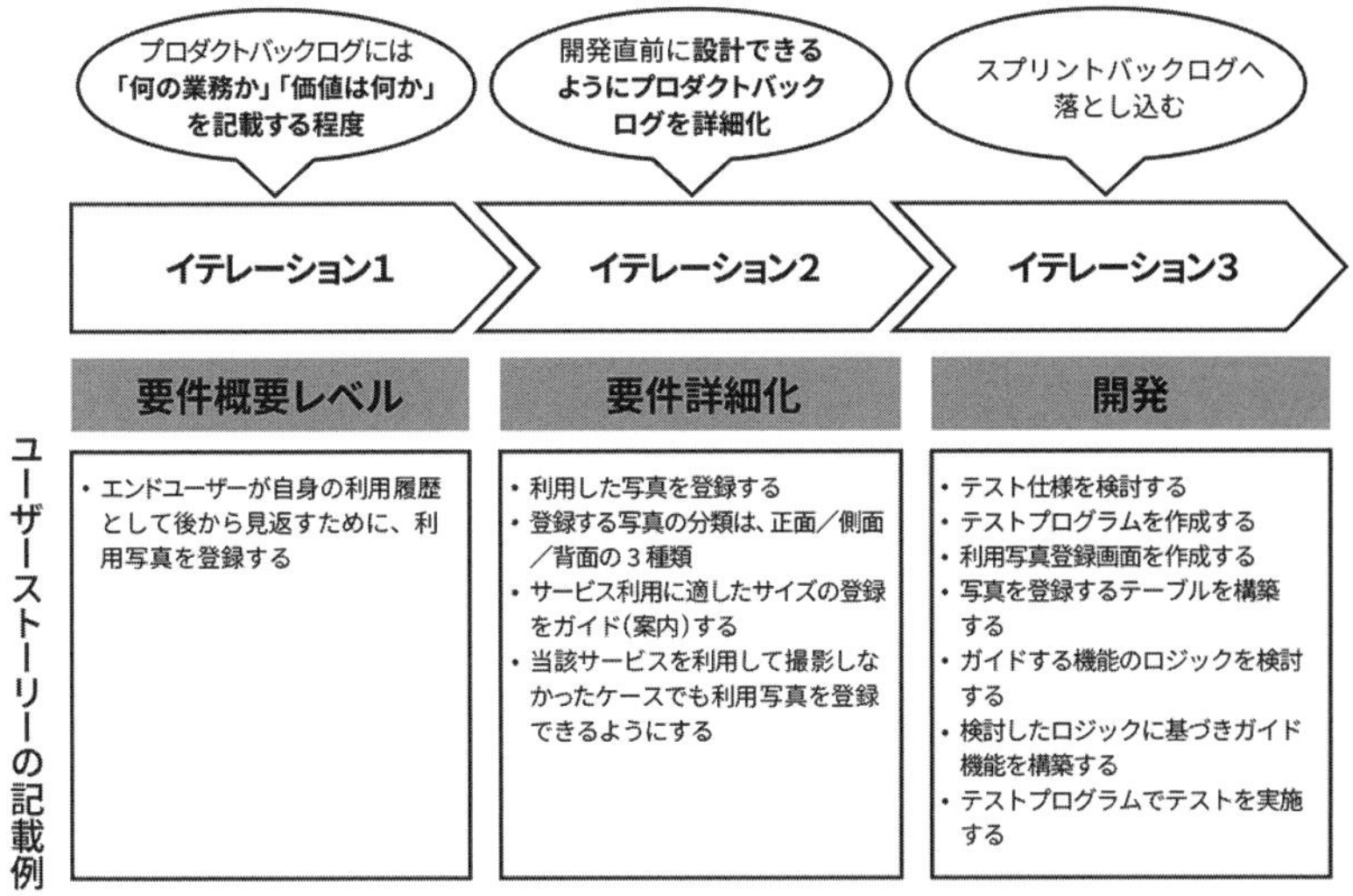

図　ユーザーストーリーの「育て方」
要件を詳細化するタイミングは開発の直前（出所：シグマクシス）

の3種類とする」「サービス利用に適したサイズの登録をガイド（案内）する」といった具合だ。文章だけで詳細化しようとせず、基礎編の第3章で紹介したようにウォーターフォール型開発で使う様々なドキュメントも使うとよいだろう。

こうしてユーザーストーリーをチームサイズとイテレーション期間から適切なサイズに分割し、しかるべきタイミングで記載を詳細化していくことで、必要な機能だけを無理なく実装できる。

ポイント2

「通常タスク」を忘れない

アジャイル開発では「開発」にチームの視線が集まるあまり、システム開発プロジェクトで必要とされる「通常タスク」を計画から見落としてしまうケースがある。通常タスクとは、例えば「移行」や「テスト」、「運用開始に向けた準備」などを指す。

具体的には、移行のタスクであれば「移行ツール作成」「移行リハーサル」、テストのタスクであれば「外部結合テスト」「システムテスト」、運用開始に向けた準備であれば「マニュアル作成」「ユーザー教育」などがある。いずれもシステム稼働には必須の作業だ。

通常タスクを計画に入れ忘れてしまうと、バックログの優先順位やリソースの調整が後手となってしまい、多くの場合スケジュールが遅延する。それを防ぐには、ユーザーストーリーには新システムで実装する機能はもちろん、意識的に通常タスクも登録しておくことが欠か

抜けがちな通常タスク	
移行	移行ツール作成
	移行リハーサル
	移行
テスト	外部結合テスト
	システムテスト
	ユーザー受け入れテスト
	パフォーマンステスト
運用開始に向けた準備	マニュアル作成
	ユーザー教育

図　抜けがちな通常タスクの例
通常タスクを漏らさない（出所：シグマクシス）

せない。

移行タスクをユーザーストーリーに入れなかったために生じた失敗事例を紹介しよう。プロジェクト当初、ＰＰＯや開発チームリーダーは移行の必要性を認識していて、マスタースケジュールでは大まかに移行タスクを計画に入れていた。

だが、新規機能の開発に注目してしまい、移行タスクをユーザーストーリーに入れず、しかるべきタイミングで移行タスクの見積もりを精緻化しなかった。その結果、マスタースケジュール通りに移行タスクを開始したものの、移行タスクの工数だけでなく移行にかかる社内外との調整の工数も不足し、移行自体が間に合わず全体のリリースを遅らせる事態となった。

このような状況を回避するためにも、プロジェクトの初期計画段階で、何はともあれ通常タスクをＰＢＩに入れて、さらに実施するタイミングのイテレーションに「固定」してしまうとよいだろう。

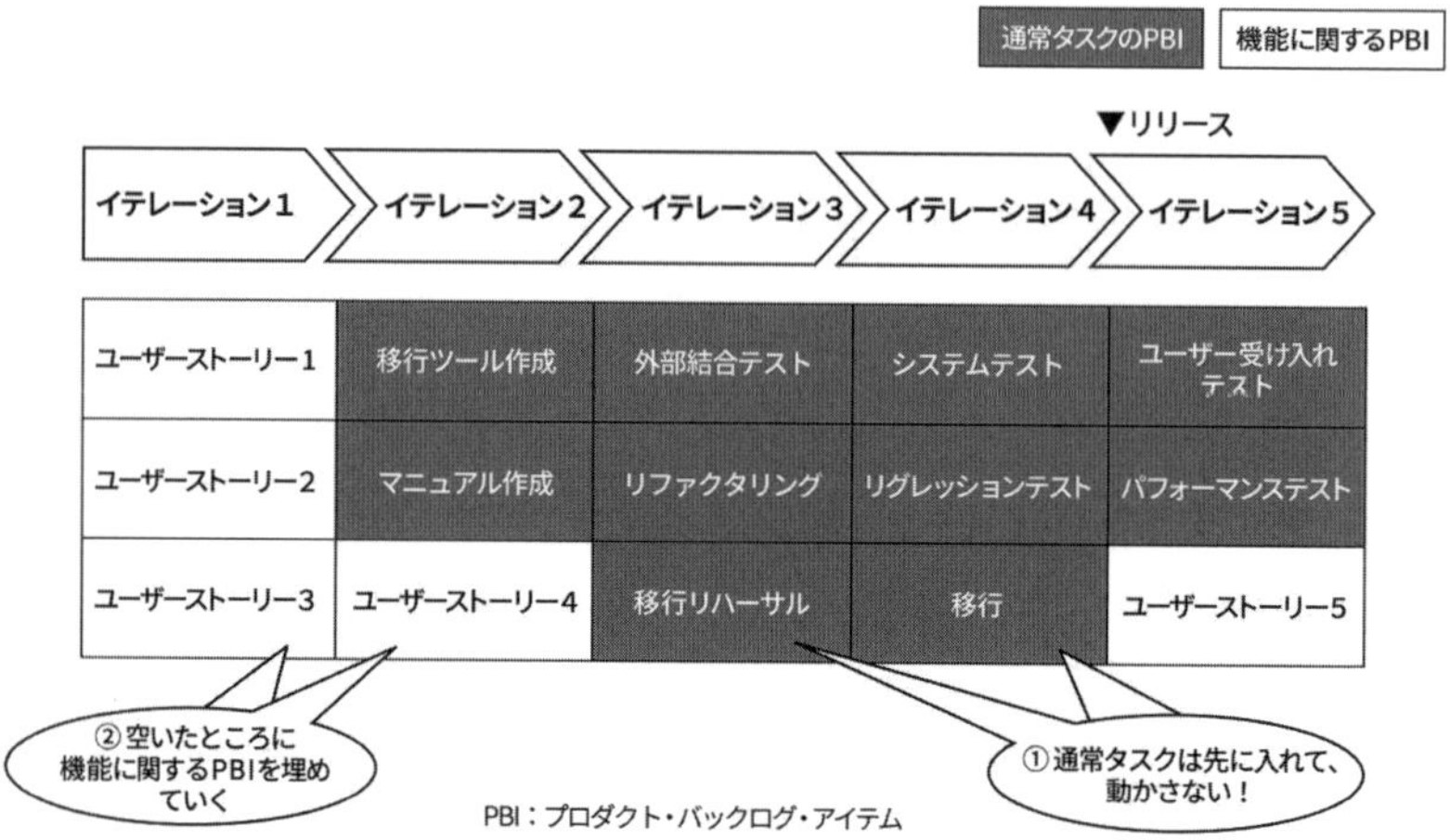

図　通常タスクを優先して設定した計画の例
通常タスクのスケジュールは先に決めてしまう（出所：シグマクシス）

その後、イテレーションの空きスロットに機能開発に関するPBIを優先順位と照らし合わせてはめ込んでいく。後から通常タスクを加える場合も同じで、実施すべきタイミングのイテレーションにはめ込む。通常タスクを追加したことで、機能に関するPBIがベロシティー（1イテレーションで消化できるタスク数）を超えた場合は、優先順位に沿って後続のイテレーションで調整する。

「通常タスクの完了」を優先させる狙い

通常タスクは外部と調整すべき事柄が多いタスクでもある。PPOがステークホルダーに積極的に情報共有したり調整したりする体制で臨むことで、開発メンバーも安心してタスクに集中できる。

SoR（System of Record）領域の業務システムにアジャイル開発を適用する場合、機能のまとまりが完成しても、通常タスクを完了し終えるタイミングまでリリースできない。この点は、アジャイル開発の特徴である「ユーザーからの早期フィードバックと改善」に合致しないため注意が必要だ。

しかし早期フィードバックを求めるあまり通常タスクをおろそかにすると、そもそも業務で使えるシステムにはなり得ない。機能の開発よりも通常タスクの完了を優先させて計画を立てることの重要性をステークホルダーと合意し、プロジェクトを進める必要がある。

ポイント3　4段階で優先順位を付ける

POやPPOはプロジェクト初期段階で洗い出された全てのPBIに対して、取り組む優先順位を付けていく。優先順位を付ける際の手法としては「MoSCoW（モスクワ）分析」がある。同手法では以下の４段階で優先度を分類する。

M（o）＝Must have（必須）：このPBIが実現されなければサービス／システムを導入する意味がない

S＝Should have（推奨）：このPBIが実現されなくてもサービス／システムを導入する意味はあるが、導入メリットは大きく損なわれる

C（o）＝Could have（可能）：このPBIが実現されなくてもサービス／システムを導入する意味やメリットがあるが、実現することでさらに大きなメリットを享受できる

W＝Won't have this time（先送り）：このPBIは現時点で議論する必要がなく、実現しない

MoSCoW分析では、POやPPOは実現したい目的に合致しているかを軸に、法令や内部規制、関連システムを含めたシステム上の制約などの客観的観点を加味した判断基準を明確にし、ステークホルダーの合意を得たうえでそれぞれのPBIにM／S／C／Wを割り当てる。ここで注意が必要なのは「このPBIがない場合、業務が成り立つのか」という観点が漏れやすい点である。

優先度の高い「M（必須）」の機能だけを先にリリースしても、業務としては運用できない状態となりかねない。POやPPOが優先順位を付けたPBIを「ユーザー・ストーリー・マップ」で可視化することで、PBIがM／S／C／Wのどれに割り当てられているかを一目で把握しやすくなり、業務が成立するかを検証したりステークホルダーの合意を得たりすることが容易となる。

優先順位を可視化するユーザー・ストーリー・マップ

ユーザー・ストーリー・マップとは、業務フロー上に登場するPBIをM／S／C／Wにマッピングした表である。図の例は、ある派遣会社で契約社員管理をシステム化した際に作成した

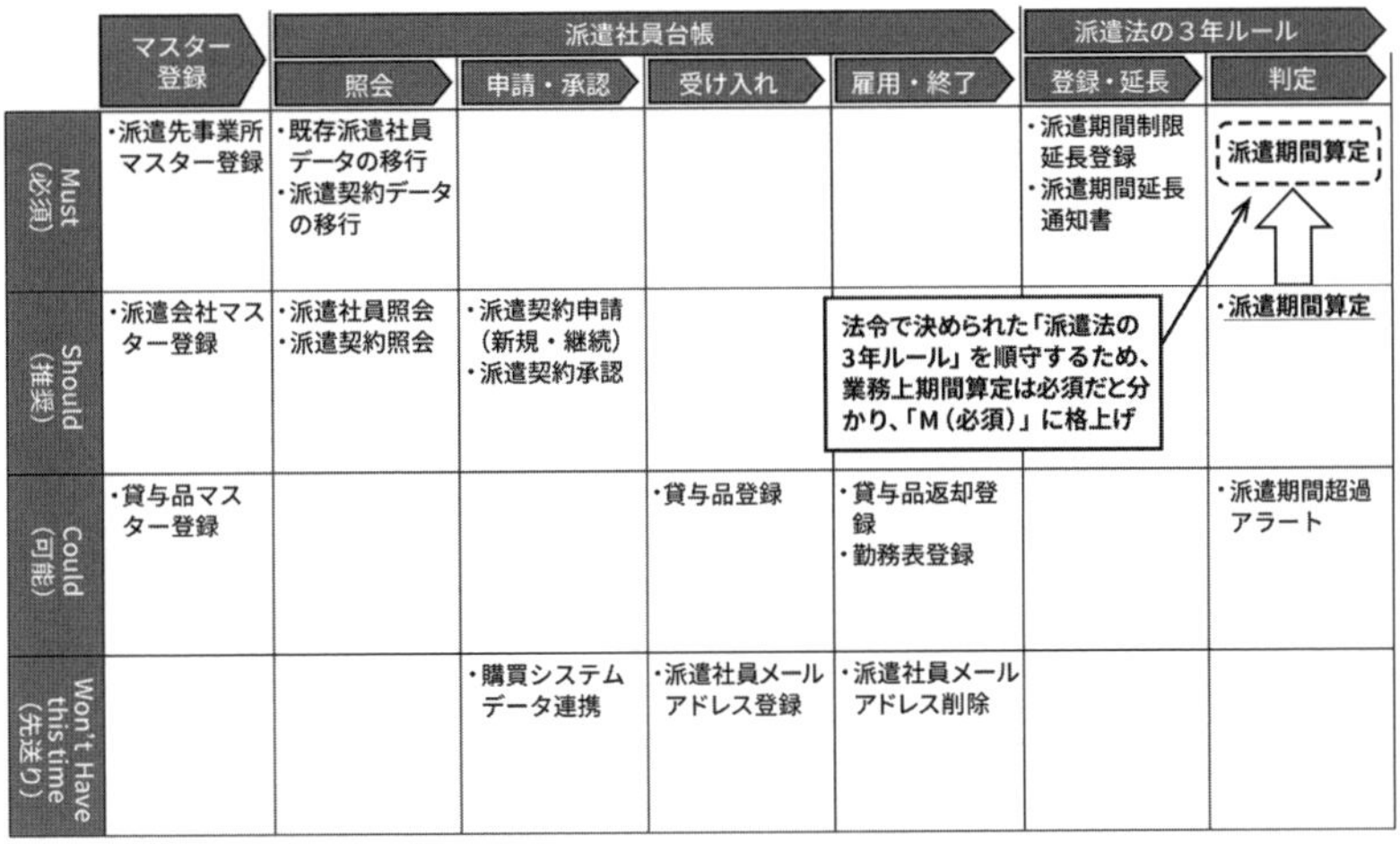

図　ユーザー・ストーリー・マップの例
「業務が成り立つか」を精査しながら優先順位を付ける（出所：シグマクシス）

ものである。

労働者派遣法では2015年の改正により、「同じ事業所や部署で3年を超えて働くことはできない」と定められた。このユーザー・ストーリー・マップを作成した初期の段階では派遣期間算定機能を「S（推奨）」に割り当てていた。このまま「M（必須）」の機能だけをリリースして運用した場合、労働者派遣法に抵触する可能性があるとステークホルダーから指摘され、「S（推奨）」から「M（必須）」に格上げした経緯がある。

業務が成立するかという観点で優先順位を付けるには、プロジェクトの初期段階で書き出した要件概要レベルのPBI（主にユーザーストーリー）を対象にするとよい。詳細化されたPBIを対象にすると業務の全体像や流れをつかみにくく、その結果、PBI同士の不整合を見落としやすく、業務の「歯抜け」を誘発しやすい。

ＰＯやＰＰＯは要件概要レベルでＭｏＳＣｏＷ分析をして「Ｍ（必須）」と「Ｓ（推奨）」を割り振ったＰＢＩを中心に、どの組み合わせであれば最低限の業務として成り立つかを検証し、優先順位を再確認するとよい。

優先順位についてはＰＯが必ずステークホルダーと合意を得る。ここでも優先順位付けの際と同様に、分かりやすさの観点からまずは要件概要レベルのＰＢＩで合意を取るとよい。

ポイント4 開発規模はストーリーポイントで概算

アジャイル開発での工数見積もりには一般に「ストーリーポイント」を使う。

ストーリーポイントとは相対的な数値である。まずチームメンバーが皆で基準とするＰＢＩを１つ選んでポイントを付ける。そして、他のＰＢＩの１つひとつについて、基準となったＰＢＩと比べて開発の難度が相対的にどれだけ高いか低いかを考え、ざっくりとストーリーポイントを付ける。それを積み重ねると、全体の作業規模を見積もれるというわけだ。

ポイントを付ける際の値のルールは特にないが、フィボナッチ数列を使うケースが多い。「基準となるＰＢＩは５ポイントだが、このＰＢＩのポイントは２なのか１なのか３なのか」と悩みがちだが、使う値を限定してしまうと素早くざっくりと見積もれるようになる。

例えばフィボナッチ数列を使う場合、ポイントは「3、5、8、13、21」の5つだけにする。もしくは、「大（L）、中（M）、小（S）」を使い、難度が「大」をはるかに上まわるときだけ特例で「特大（XL）」を加えて計４つの値だけを使う。そうすることで微妙な差で迷わずに済む。

重要なのはPBIの難度を相対的に評価することであって、決してポイント化することではない。しかし実際の現場では、ウオーターフォール型開発経験者が工数での見積もりに慣れているためか、「１ポイント＝０・５人日（４時間）」と定義し、PBIにかける工数を時間で一旦見積もった後にポイントに換算するケースがしばしばある。工数（時間）は絶対的な尺度であり、相対的にPBIの難度を評価しているとはいえないのでこうした動きには注意したい。

時間で見積もろうとすると、PBIの対応時間は開発メンバーによって異なるため「誰にこのPBIを担当させるのか」が問題となる。それを決めるには全PBIの担当者などを決めた詳細な作業計画が必要となるため、初期計画時点では詳細な作業計画をそもそも立てられない。加えて、仕様変更を受け入れるアジャイル開発では、PBI自体が期間中に大きく変わるものだ。これらの理由から当初計画時に、時間による見積もりは避けるべきである。

アジャイル開発では、初期計画を立てる段階では作業規模が見積もれれば十分なので、相対的尺度を用いた見積もりが適している。一方、プロジェクトが始まり、直近作業の詳細計画を立てる「スプリントプランニング」においては、開発チームの作業予定を工数ベースでより詳しく立てられる絶対的尺度を用いた見積もりが適している。なおスプリントプランニングにお

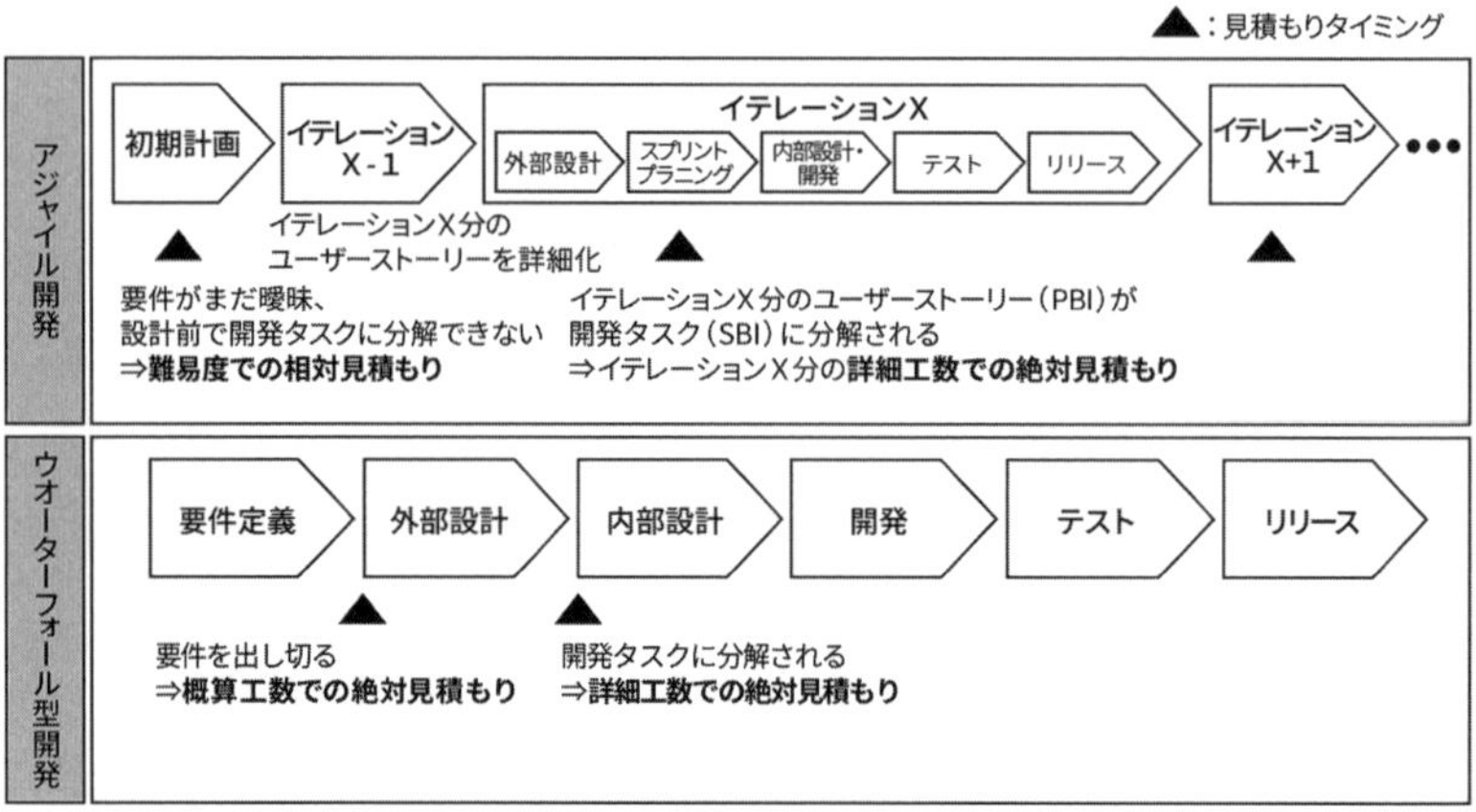

PBI：プロダクト・バックログ・アイテム、SBI：スプリント・バックログ・アイテム

図　アジャイル開発とウオーターフォール型開発のそれぞれにおける見積もりタイミングと見積もり方法

タイミングに応じた方法で効率的に見積もる（出所：シグマクシス）

ける見積もりについては実践編の第3章で詳述する。

開発の難しさを数値で概算

では、初期計画時に相対的な数値であるストーリーポイントで難度を見積もるとどんなメリットがあるだろうか。大きく3つある。

1つ目は、チームで合意しやすく、その分早く見積もれることである。基準のPBIとの難度の比較なので、時間のように担当する人のスキルレベルなどでバラつきにくいからだ。

2つ目は、チームとしての成長を確認できることである。例えばチーム立ち上げ当初のイテレーションでは5ポイントのPBIを4つ、つまり合計20ポイント分しか消化できなくても、イテレーションを経るなかでメンバーのスキルレベルが上がり、ベロシティーが25ポイントになり、30ポイントになるという具合に数値で成長を確認できる。成長を実感できるところがアジャイル開発の醍醐味でもある。

３つ目は、状況に応じて難度を変更しやすいことである。例えば何度目かのイテレーションを経て、ＰＢＩを詳細化する過程で、「業務領域ＡのＰＢＩが業務領域ＢのＰＢＩよりも全体的に難度が高い」と気づいた場合、ＰＯやＰＰＯが業務領域Ａの全ＰＢＩに２ポイント加えられる。

もしポイントの追加により全体の計画を変更する必要があれば、次のスプリントレビューでステークホルダーに説明すればよい。これが工数だとそうはいかない。業務領域ＡのＰＢＩに対し、１つずつ追加工数を見積もり直す必要があり、ステークホルダーに計画変更を提案できるまでには、多くの開発メンバーの見積もり工数と時間が必要となる。

メリットがある半面、ストーリーポイントによる見積もりにはデメリットもある。

１つは、説明・報告がしにくいことである。「ストーリーポイントは相対的な難度を数値化したもので、工数ではない」という概念を、アジャイル開発の知識や経験がない人に理解してもらうのはなかなか難しい。

ユーザー部門代表者やユーザー部門長、担当役員などの上層部に対しては、アジャイル開発手法やストーリーポイントという用語を意識させないよう、あえて持ち出さないほうが余計な混乱を招かずに済む。「結局いつリリースできるのか」をステークホルダーが気にしている場合はリリース計画を作成してから説明すればよい。

もう1つのデメリットは、規模をつかむための見積もりなので、初期計画時点ではベロシティーが分からないことである。これに関しては数イテレーションを回して測定するしかない。

見積りをする際の注意点

最後に、ストーリーポイントで見積もる際の注意点を1つ挙げたい。チームのベロシティーの半分を超えるポイント数のPBIが出てきたら、分割可能かを検討するきっかけにしてほしい。

例えばベロシティーが25で、基準にしたPBIのポイントが5の場合、13や21といったポイントのPBIが出てきたら、ベロシティーに対してPBIが大き過ぎるか、PBIに曖昧な要素が多い可能性がある。「見積もり機能」のPBIが21の場合は「見積もり作成機能」「見積もり申請機能」「見積書出力機能」のように3つに分割し、それぞれのポイントを再度見積もる。

PBIに曖昧な要素が多い場合は、当該イテレーションが始まる2～3イテレーション前から徐々に要件を詳細化し、スプリントプランニングを立てる過程で分割していきたい。

ポイント５ 初回リリースは半年以内に

本書の基礎編の第３章では、「利用頻度の高い最小限の機能」に限定して初回リリース（最初のイテレーションのリリースではなく、最初の本稼働）することをお勧めした。初期計画の工程では、初回リリースに向けて、イテレーションごとに実装するＰＢＩを積み上げて初回リリースの対象となるＰＢＩを定義していく。

初期計画の工程で、いつからいつのイテレーションでどのＰＢＩを実装し、最終的にいつリリース（本稼働）させるかを「リリース計画」として作成する際、第一に優先すべきはユーザー部門の業務イベントである。必要なユーザーストーリーを積み上げた結果として、意味のある単位で構成してリリースするタイミングを定めることも重要であるが、まずはエンドユーザーに利用してもらうために、棚卸しや年度会計処理といった業務イベントに合わせてリリースのタイミングを検討したい。

そのうえで、特に間に合わせるべき業務イベントがない場合は、最大６カ月を目安に初回リリースできるように調整するとよい。実際にリリース計画を立てる際には、社内システムならではのリリース準備や手続きも必要な場合があるため、リリースの頻度をあまり多くできない。

一方で初回リリースまでの期間が６カ月を超えるようだと、リリースによる業務変更の度合いが大きいだけでなく、初回リリースにおけるタスクの複雑さが増す。アジャイル開発に期待されるスピード感なども考慮すると、6カ月程度の単位に収まるようにリリースタイミングを分割したい。

エンドユーザーにとっても、1年後の業務がどうなっているか想像することは難しくても、6カ月先ならばある程度の想像がつきやすいだろう。短期でのリリースを計画することで、エンドユーザーの日常業務の変更も吸収していける。

エンドユーザーの要望は日々進化していく。加えてユーザー部門代表者自らが挙げた要望であっても、実際の操作画面を見ると「伝えたかったものと違う」などとして変化するものだ。チームが機能の実現方法のみに焦点を当てて議論を進めた場合は、実際にエンドユーザーがやりたかったこととずれていることもある。リリースせずに机上で検討していては、ユーザー部門代表者の要望とのギャップが埋まらないだけでなく、すれ違いが大きくなってしまう。「Fail Fast」という言葉があるように、少しでも早くエンドユーザーに実物を見せてフィードバックをもらうことで、アジャイル開発のメリットを引き出したい。

リリース計画を検討する際に注意すべき点は、「業務が上流から下流まで、確かに流れる」と、改めてチェックすることだ。前述のユーザー・ストーリー・マップで検討するとよいだろう。

事例紹介：開発の全体像を把握しやすくする工夫

MoSCoW分析による優先順位付けで「S（推奨）」や「C（可能）」に分類し、後回しでよいとしていたユーザーストーリーでも、業務を上流から下流につなげるには初回リリースに入れる必要があると分かるケースも出てくるだろう。前述した通り、通常タスクも必ず含める必要があるため、初回リリースに盛り込まれているかも確認したい。

一方、ステークホルダーにとって、初回リリース対象のプロダクトバックログを把握し、PBI同士が実現内容に対して整合性があるかを自ら確認することは難しい。そこで、ステークホルダーが全体像を把握しやすいようにするため、POはリリース計画をプロダクトバックログではなく、ウオーターフォール型開発で用いる「マスタースケジュール」のように機能単位で定義するとよい。

それをPPOが説明することで、ス

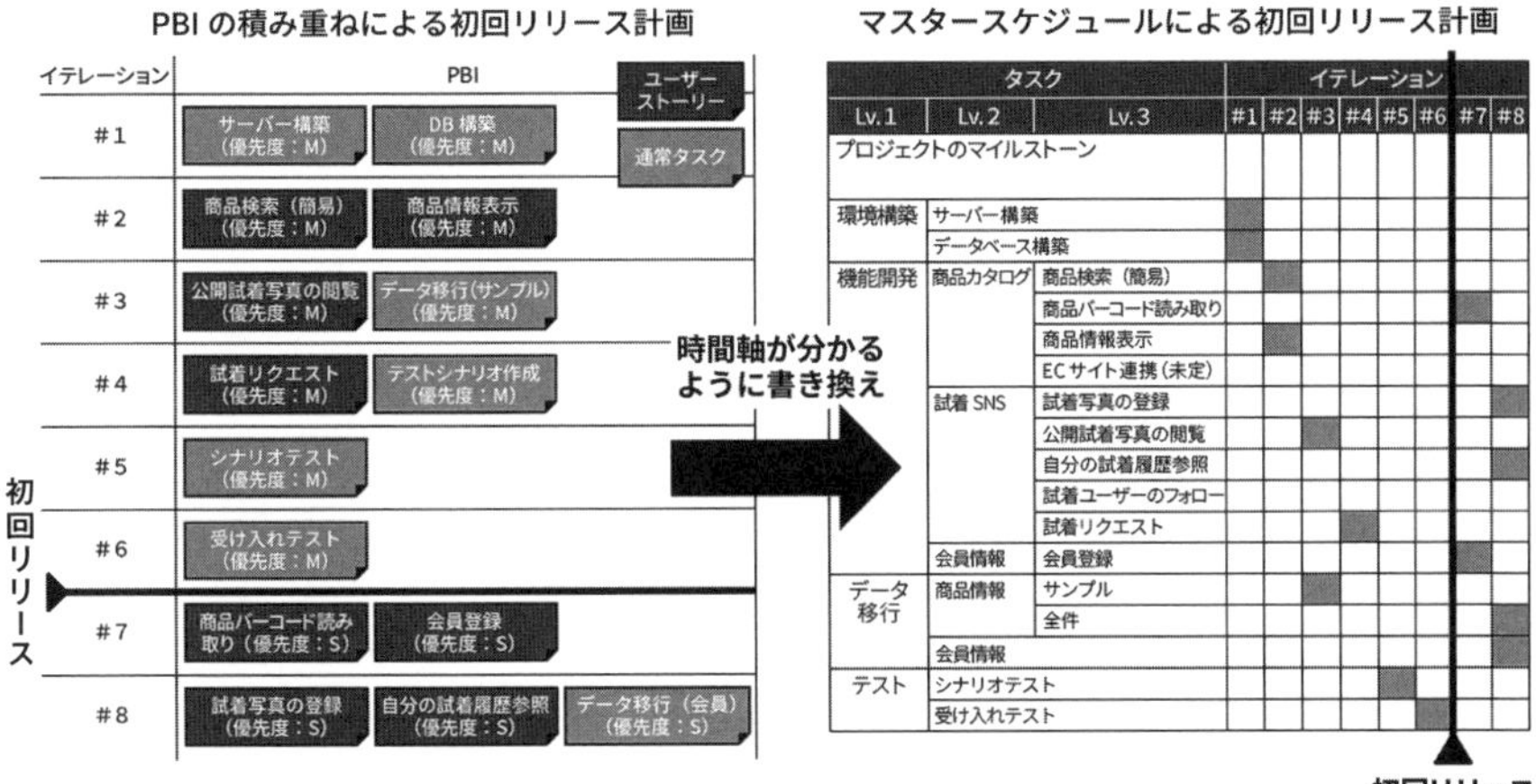

PBI：プロダクト・バックログ・アイテム

図　初回リリース範囲の提示方法

初回リリース計画はマスタースケジュールで合意を取る（出所：シグマクシス）

テークホルダーはリリース後にどのような業務となるかをイメージできるだろう。加えて、開発メンバー目線の作業内容ではなく、利用者目線の業務内容で合意することによって、アジャイル「自治区」とも呼ぶべき「アジャイルチームの裁量で自由に動ける領域」をＰＰＯが確保できるようになる。

実際にマスタースケジュールでＰＯがユーザーとリリース計画を合意した事例を紹介しよう。ある企業が新設施設で使うシステムをアジャイル開発した事例である。

この企業は施設のプレオープンとグランドオープンの２段階を予定していた。大中小の３段階で優先度を付けてＰＢＩを積み上げたところ、初回リリースがプレオープン日に間に合わないことが分かった。

そこでプレオープン日に初回リリースすることとして、再度ＰＢＩの優先度を検討した。だが、プロダクトバックログをベースにしていると、ユーザー部門代表者は初回リリースにどのユーザーストーリーを間に合わせればよいかを決め切れず、初回リリース後の業務の姿もイメージしにくいようだった。

この状況を見たＰＰＯはマスタースケジュールを作成した。初回リリースは来訪者の登録や来訪者への案内といった施設来訪者向けの機能のみに絞り、セキュリティー設定や会議室の予約といった社員向けの機能については、ＰＯがユーザー部門担当者と繰り返し交渉し「不便があっても初回リリースから見送る」と合意した。

その結果、プレオープン日に合わせて無事に初回リリースできた。社員向けの操作画面はトップ画面が単なる機能へのリンク集であり、モバイルデバイスではなくパソコンからでしか来訪案内を登録できないといった不便があったが、マスタースケジュールを用いた合意形成が奏功し、エンドユーザーとのトラブルは起こらなかった。

ポイント6 開発予算の見積もりには2つの三角形を使う

初期計画を立案した後、多くの会社ではイテレーションを始める前に、改めて社内で承認を得る必要がある。ここでは「何を」「いつまでに」つくるのかを示すだけでなく、何より大切なのは「いくらで」つくれるのかという見積額をはっきり提示することである。

見積もりに関して、教科書的には「鉄の三角形モデル」が有名である。「ウオーターフォール型開発は『スコープ』を固定し、『予算』と『期間』を調整しながら見積もるのに対し、アジャイル開発は『予算』と『期間』を固定し『スコープ』を調整しながら見積もる」という考え方である。

ただ実際には、ウオーターフォール型開発でも当初の予算と期間を順守するためにスコープを調整するケースも多い。なぜアジャイル開発においては初期の見積もり時点で予算と期間を固定の条件と考えているのだろうか。

確かに、新規事業でよく使われるＳｏＥ（System of Engagement）領域の業務システムに

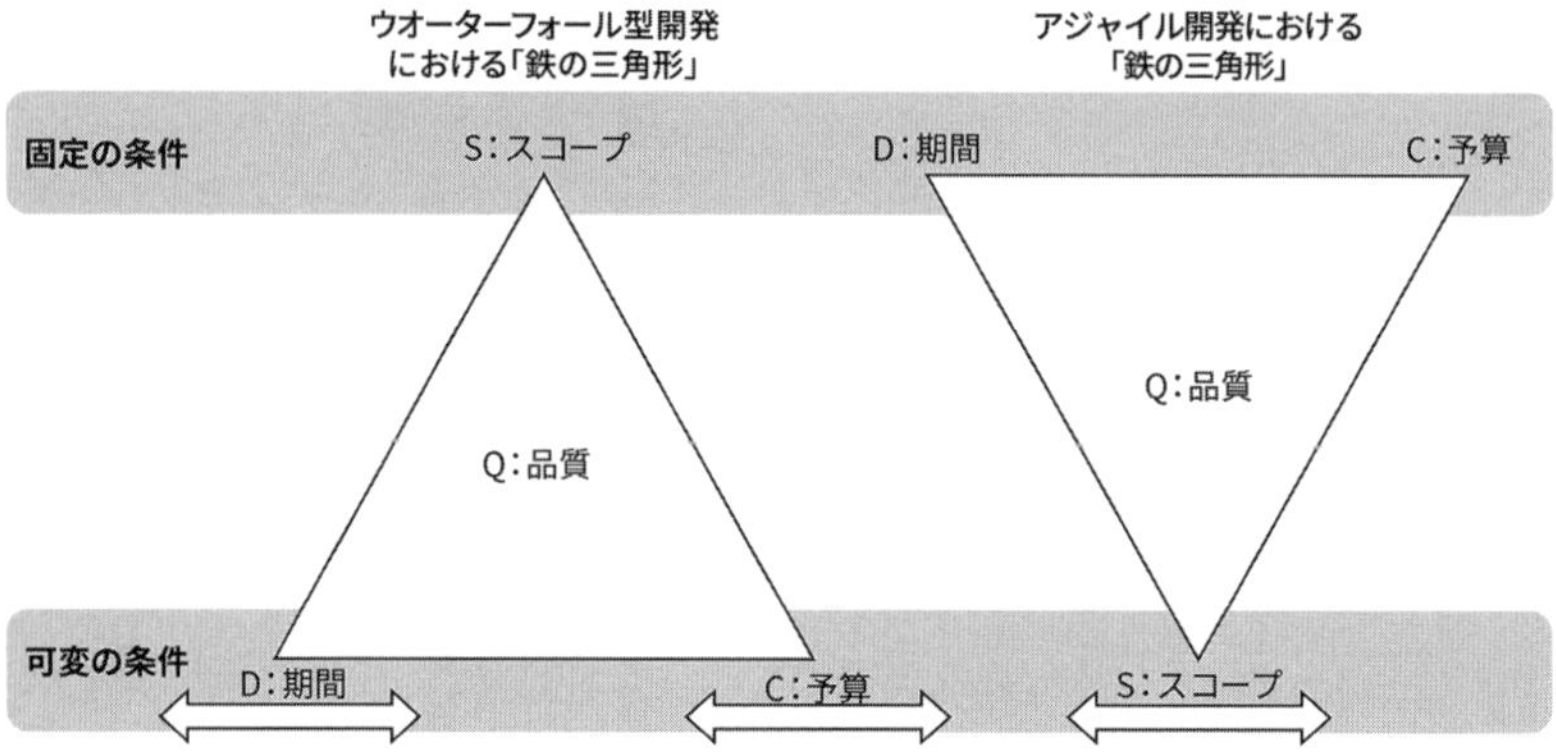

図　ウオーターフォール型開発とアジャイル開発における「鉄の三角形」
見積もりには「固定の条件」と「可変の条件」がある（出所：シグマクシス）

関しては、その開発費用や開発期間は事業計画から導出される。つまり、目標とする売上額や競合を見据えたサービス開始日からシステム開発の予算と期間がおのずと決まり、システム開発の前提条件となるわけだ。

ではSoR領域の業務システムの場合はどうか。本来であれば、SoRの場合も、新規導入やリプレースによる効果を金額換算し、費用対効果から予算を算出すべきである。

しかし、日本のシステム開発の現状では、まず予算を先に算出し、次にその予算に見合った導入効果を得られるかを検証するという流れがほとんどであろう。システム開発を外部ベンダーに依頼する場合はなおさらこの傾向が強い。加えて、社内で承認を得るには、予算を「どんな機能を幾つつくるか」というスコープの面で説明しなければいけないケースが多い。

つまり、機能の豊富さよりも顧客価値の最大化に重きを置くアジャイル開発であっても、ＳｏＲの場合は機能に関するスコープを一旦仮置きして、予算を算出せざるを得ないのが実情なのだ。そして、プロジェクトが進むと、仮置きした機能のスコープについて、開始後に追加・変更された機能を顧客価値に照らしてその優先順位を見直すという、スコープのコントロールで調整する。

見積もりは初回はアジャイル、以降はウオーターフォール型開発

簡単な例を挙げて説明しよう。まずインセプションデッキに代表されるツールを使ってプロジェクト企画のタイミングで初回の見積もりを実施する。これにより、プロジェクトの目的から顧客、実現すべき価値などまで、コンセプト的な事柄や大きな機能の塊が明確になる。

その機能の塊を開発するために必要な開発期間は、ざっくり見積もって「開発期間：６カ月、開発メンバー数：５人」など、具体的に仮置きされる。その後、企画をさらに具体化する初期計画に落とし込んでいく。ここでは、機能の塊がユーザーストーリーとして、より詳細に具体化され、要件以外のタスクを加えてプロダクトバックログとなる。

それぞれのＰＢＩは、目的に照らしての優先順位や、工数が検討される。その後、開発期間：６カ月、開発メンバー数：５人という条件で開発チームのベロシティーが仮置きされ、そのベロシティーに合致する形で初回リリースの対象となるＰＢＩが選定される。

ここまでは、仮置きした期間と予算からスコープを導き出すアジャイル開発の三角形である。しかし、ＳｏＲシステムで社内の承認を得るには、ここからウオーターフォール型開発の三角

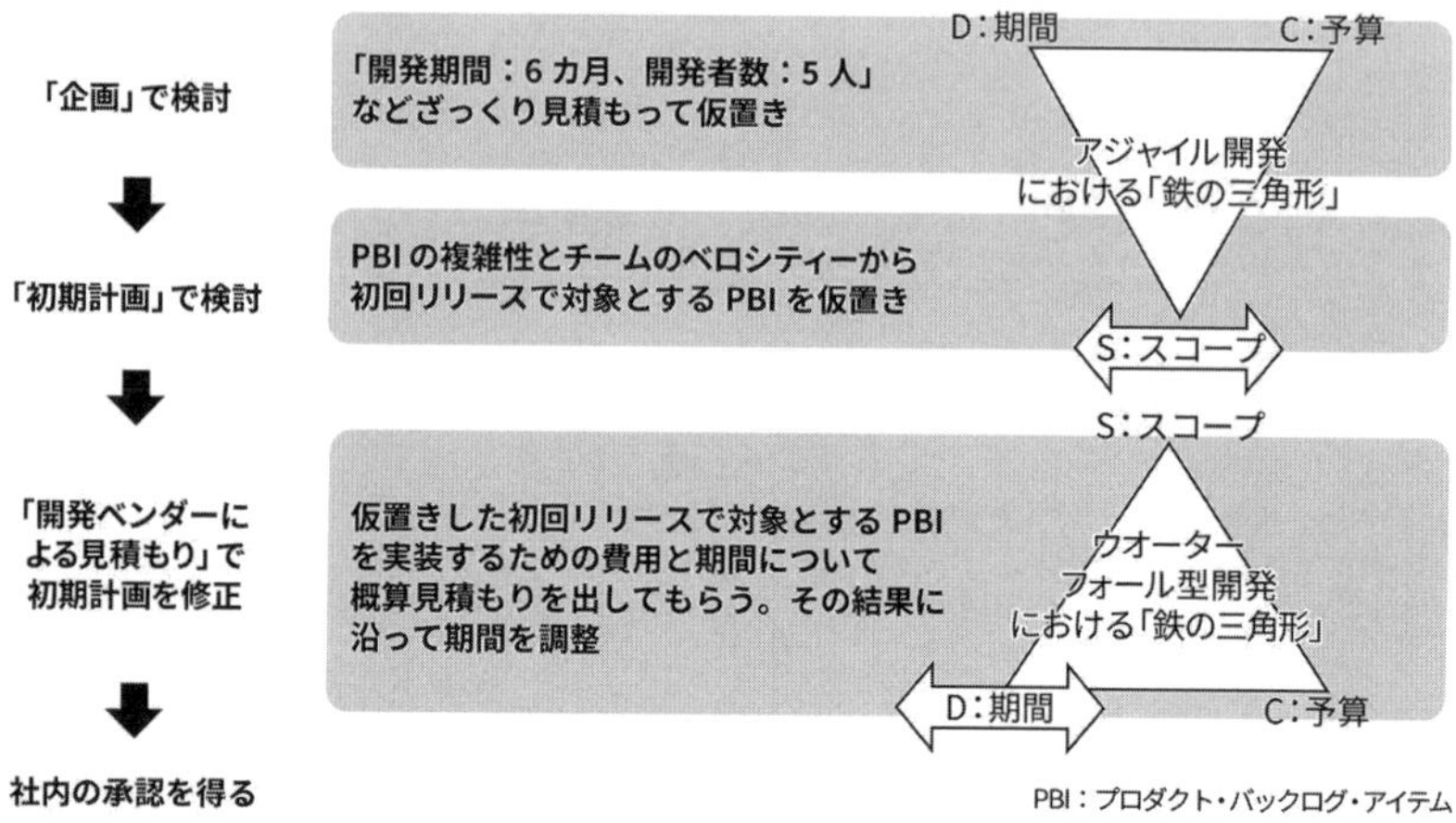
「企画」で検討
「開発期間：6カ月、開発者数：5人」
などざっくり見積もって仮置き
D：期間
C：予算
アジャイル開発
における「鉄の三角形」
「初期計画」で検討
PBIの複雑性とチームのベロシティーから
初回リリースで対象とするPBIを仮置き
S：スコープ
S：スコープ
「開発ベンダーによる見積もり」で初期計画を修正
仮置きした初回リリースで対象とするPBI
を実装するための費用と期間について
概算見積もりを出してもらう。その結果に
沿って期間を調整
ウオーター
フォール型開発
における「鉄の三角形」
D：期間
C：予算
社内の承認を得る
PBI：プロダクト・バックログ・アイテム

図　社内承認を得るための見積もりのステップ
SoRシステムの初期見積もりは「鉄の三角形」を2つ組み合わせる（出所：シグマクシス）

形でもう一度見積もりを検討する必要がある。

初回リリースのPBIを対象に画面数やテーブル数、インターフェース数、機能の難易度など、これまでウオーターフォール型開発で行ってきた手法でベンダーに見積もりし直してもらうのだ。その結果、ベンダーの見積もり回答が「開発期間：8カ月、開発メンバー数：7人」となれば、その内容で初期計画で仮置きした開発期間を修正し、社内承認を申請する。

この過程において注意したいのが見積もりの精度だ。

ウオーターフォール型開発の場合、「構想策定」から「システム化計画」「要件定義」「外部設計」と工程が進むことで、後工程である「内部設計・製造」の見積もり精度が徐々に高まる。予算上のボリュームゾーンとなる内

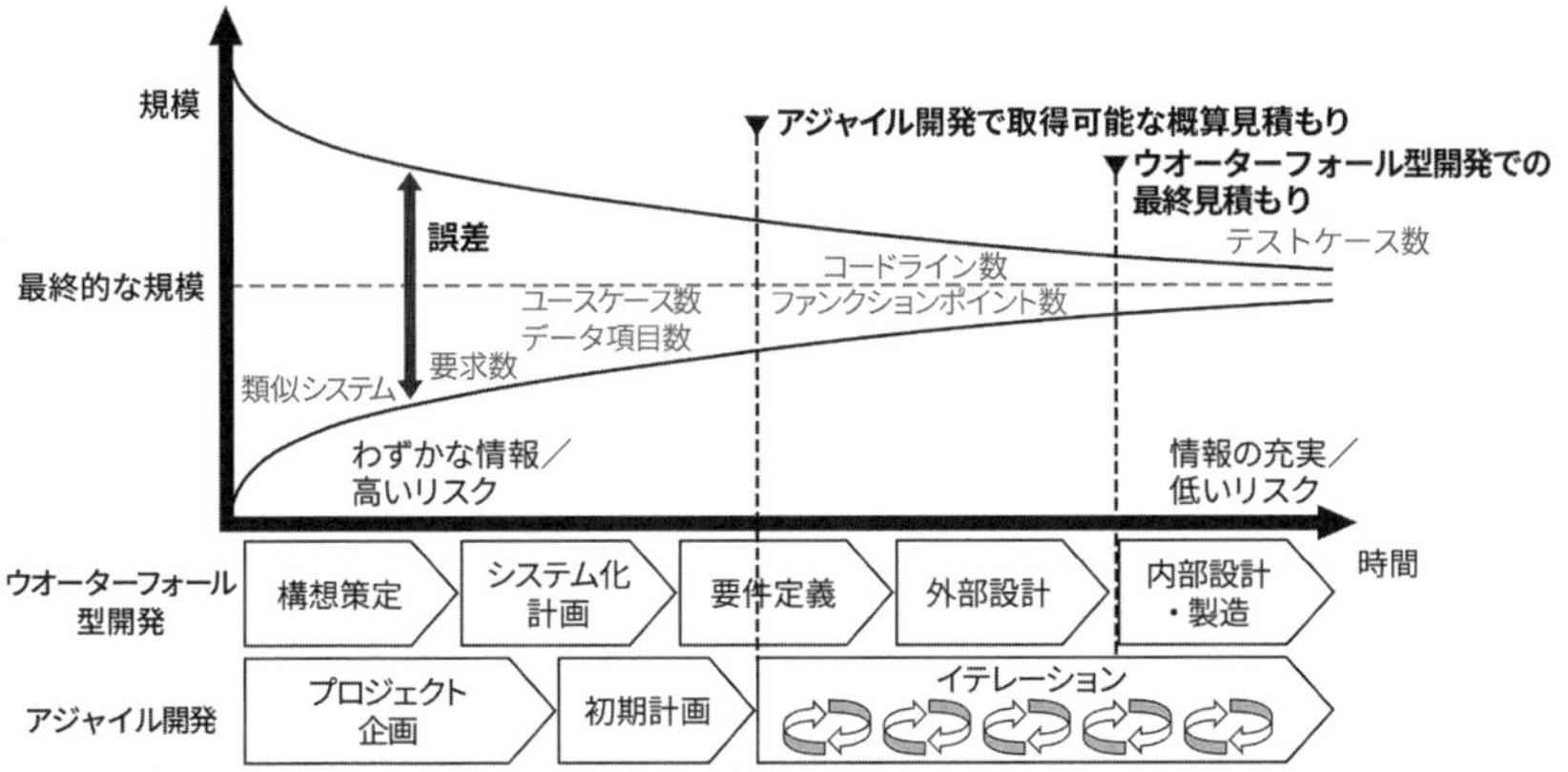

図　アジャイル開発とウオーターフォール型開発の見積もり精度
アジャイルもウオーターフォールも上流ほど見積もりの精度は低い
（出所：『SEC BOOKS ソフトウェア開発見積りガイドブック 〜ITユーザーとベンダにおける定量的見積りの実現〜』（情報処理推進機構ソフトウェア・エンジニアリング・センター編集、オーム社、2006年）を基にシグマクシス作成）

部設計・製造工程が始まる前には、かなり精度の高い見積もりが完成し、これを最終見積もりとするケースが多い。

しかし、アジャイル開発では初期計画で要求事項を概要レベルで合意した後は、詳細な要件定義や外部設計、内部設計・製造を同時並行で進めるため、初期計画が完成したタイミングで全体の概算予算を算定し、その金額で社内承認を得る必要がある。

初期計画で見積もりをどう依頼するのか

そうした前提に立ち、アジャイル開発では初期計画で開発ベンダーにどう見積もってもらえばよいのだろうか。

結論から述べると、最もお勧めしたいのは、初回リリースまでの機能やタスクを基に、ウオーターフォール型開発と「同じ手法」で概算額を見積もってもらう方法だ。「同じ手法」というのは、ユーザーストーリーから想定画面数やテーブル数、インターフェース数を算定し、そこに単位工数を掛けて算出する方法である。

「基礎編」でも述べたように、全く同じシステムをつくるのであれば、ウオーターフォール型開発もアジャイル開発もそれほど費用は変わらない。アジャイル開発だから、ということでストーリーポイントから算出する方法も考えられるが、あまりお勧めできない。

例えば前述したように「1ポイント＝0・5人日（4時間）」などとポイントを開発メンバーの工数に置き換えてしまうと、開発チームはそれ以降、新規に発生したユーザーストーリーを1ポイント何人日という「絶対見積もり」でしか見積もれなくなってしまう。ストーリーポイントに単位金額を掛けて見積額を算出する方法も考えられなくはないが、ストーリーポイントそのものを経営層や業務部門などに理解してもらう必要があり、これも前述した通りだが、その説明はとても大変であり可能な限り避けたい。

ポイント7

2～3カ月ごとの準委任契約を結ぶ

概算費用で社内承認を得てプロジェクト予算を獲得すれば、いよいよ開発ベンダーと契約を締結し、プロジェクトを開始する。初期計画の締めくくりとなるベンダー契約においてお勧めしたいのは、「2～3カ月」の「準委任契約」である。

準委任契約とは、業務を受託したベンダーが専門家としての注意義務を果たし、発注者はベンダーの業務遂行そのものに対価を払う契約だ。ベンダーは完成物に対する責任は負わない。アジャイル開発は要件の変化を迅速に取り入れるため、イテレーションごとに実装する内容を決める。そのため、ウオーターフォール型開発で主流である、全スコープを対象とした一括請負契約とは相性が悪い。

あらかじめイテレーションごとにやる作業が決まっており、そのイテレーション期間が2〜3カ月であれば、イテレーション単位での請負契約も理論的には可能である。しかし、多くの場合、イテレーションの期間は2週間から1カ月であり、各イテレーションの実装内容が契約時点で確定しない以上、契約形態は準委任が望ましい。

どうしても請負契約にしたい場合は、複数のユーザーストーリーをもう少し大きな機能のくくりにまとめ、そのまとまりごとに請負契約を結ぶ方法がある。しかし、請負契約となった場合、契約の対象は成果物であるシステムとなるため、開発メンバーの稼働状況が見えにくく、開発ベンダーは契約したシステムの「機能」の開発を優先しがちになる。そのため、「価値」を優先した要件変更を開発ベンダーに臨機応変に対応してもらうことが非常に難しくなり、アジャイル開発のメリットが限定的になる点は知っておきたい。

請負契約にする場合の注意点

それでも請負契約としなければならない場合、開発ベンダーと実際のプロジェクト運営、つまり変更受け入れの頻度やタイミング、協議の枠組み、変更契約の書式や手続きについても事前に合意しておくことが欠かせない。

開発ベンダーとの契約においては、ベンダー社員の「関与率」についても注意すべきだ。アジャイルチームはワンチームとして活動し、チームとして成長していくことで生産性の向上を目指す。そのため、基本的には開発メンバーはリモート環境であったとしても、常に一緒に活動しコミュニケーションを密にしておかなければいけない。

この点、ベンダー社員が他のプロジェクトを兼務している人ばかりだとコミュニケーションが密に取れず、チームとしての機動力が損なわれる。兼務だと作業するプロジェクトが変わるたびに気持ちや頭を切り替える必要があり、切り替えコストに無駄も生じる。

アジャイルチームの成長という観点からも、開発メンバー同士が常時コミュニケーションを取れるチームとコミュニケーションできる時間が限定されたチームとでは、その差は明らかだ。専門領域のアドバイザーなどの特殊な役割を除き、基本的にベンダー社員には100%の参画を条件としたい。

第３章

アジャイル開発を回す5つの定期イベント
教科書にはない現場発のノウハウとは

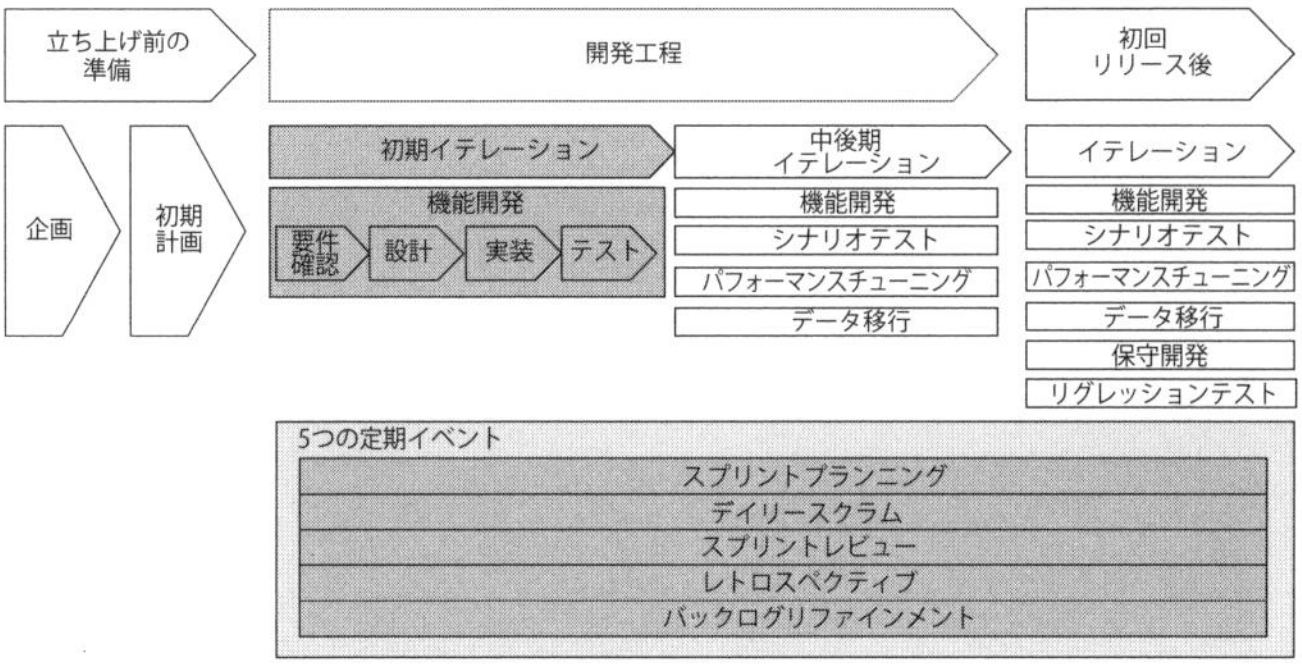

図　本章で説明する範囲を網掛け部分で示した

プロジェクトの企画、初期計画を経て、いよいよ開発がスタートする。開発を円滑に進めるためにも、節目となる定期的なイベントを回す必要がある。実践編の第３章ではプロジェクトの開発工程で開催する５つの「定期イベント」（図参照）について解説する。

具体的には、「イテレーションの作業計画作成（スプリントプランニング）」「１日の作業計画作成（デイリースクラム）」「ステークホルダーへの進捗報告（スプリントレビュー）」「振り返り（レトロスペクティブ）」「作業計画の見直し（バックログリファインメント）」で、この５つの定期イベントを回していく。この方法はアジャイル開発手法の１つである「スクラム」と同じであり、本書ではスクラムの用語を使って解説する。

大切なのはそれぞれの定期イベントの目的や趣旨につい

てステークホルダー間の認識を合わせておくことだ。そのことが、各イテレーション（1サイクルの開発期間。スクラムでは「スプリント」とも呼ぶが、本書では「イテレーション」とする）、ひいてはプロジェクト全体が誤った方向に進むことを防ぎ、無駄な作業を減らした効率的な運営につながる。それでは定期イベントごとに実践ポイントを見ていこう。

定期イベント1 スプリントプランニング（イテレーションの作業計画作成）

実際にイテレーションに取り組むには、実践編第2章で説明した「プロダクト・バックログ・アイテム（PBI）」を、各イテレーションで実行するタスクである「スプリント・バックログ・アイテム（SBI）」に分解する作業が必要となる。イテレーションの最初にPBIをSBIに分解する作業が「スプリントプランニング」である。その際のポイントは4つある。

工数は「人日」で見積もる

スプリントプランニングでは、開発内容を把握して開発メンバーを取りまとめる開発リーダーが、PBIをSBIに分解し、担当者を決め、作業工数を見積もる。この際、「人日」という絶対的尺度で見積もる。

実践編第2章ではユーザーストーリーの規模を工数ではなく、難度という相対的尺度で見積もると説明したが、ここで見積もる方法が変わるので注意したい。誰が担当するのかに基づき、ＳＢＩの工数を決定していく。人日という絶対的尺度で見積もることで、タスクの進捗状況を分かりやすくし、マネジメント層にも報告しやすく、理解してもらいやすくなる。

ＳＢＩの工数見積もりでは、１日の作業時間を６時間程度とする。突発的な打ち合わせや開発メンバーとのコミュニケーション、休憩などに使う時間をしっかり除いておくことが重要だ。

こうした時間は考慮されにくく、コストを重視するプロジェクトではなおざりにされやすいうえ、開発メンバーからは「控除してほしい」とは言い出しにくい。プロダクトオーナー（ＰＯ）などプロジェクトの責任を負う立場の人が率先して考慮したい点である。

さらに、ＰＯ、または多忙なＰＯを支援して調整役やリーダー役を担う代理プロダクトオーナー（ＰＰＯ）は、開発リーダーと開発メンバーの間での工数見積もりの「感覚」が合っているかを確認したい。ＳＢＩの工数を見積もるのは前述の通り開発リーダーである。開発リーダーは往々にして遅延を気にして保守的になり、多めの工数を積みがちだ。

一方の開発メンバーは自分の力量やタスクの難易度に比べて楽観的な工数を見積もりがちである。例えば１つのＳＢＩの作業に開発リーダーが「３人日かかる」と見積もっても、ＰＯやＰＰＯが「そこまでかからないだろう」と担当の開発メンバーに直接確認してみると、「１人日ぐらいでできる」という回答を得るようなケースはよくある。

ＰＯは「リーダーの見積もり過剰」なのか「メンバーが楽観的過ぎる」のかをよく見極め、見積もり過剰ならば全体的に工数を見直すよう開発リーダーに指示する必要がある。

SBIを担当者に「コミット」させる

ＳＢＩに担当者を決め、工数を見積もるという方法が、「教科書」に合っていないのではないかと感じる読者もいるだろう。教科書的には、１イテレーション（２週間）分の全ＳＢＩを付箋などに書いて「カンバン」に貼り付け、開発メンバーは早い者順で優先順位の高いＳＢＩから消化していくという方法を推奨している。

しかし我々の経験上、開発メンバーにはまず１週間分のＳＢＩを割り振り、それを成し遂げてもらう「個人コミット」のやり方を勧めたい。開発メンバーが自ら見通せるタスク量はおおむね１週間程度であり、カンバンに貼られた全ＳＢＩを見ても、自分がこなせる量を見極められないケースがほとんどだからである。１週間後に改めて残りのＳＢＩを割り振ることでＳＢＩの実施漏れも防げるメリットがある。

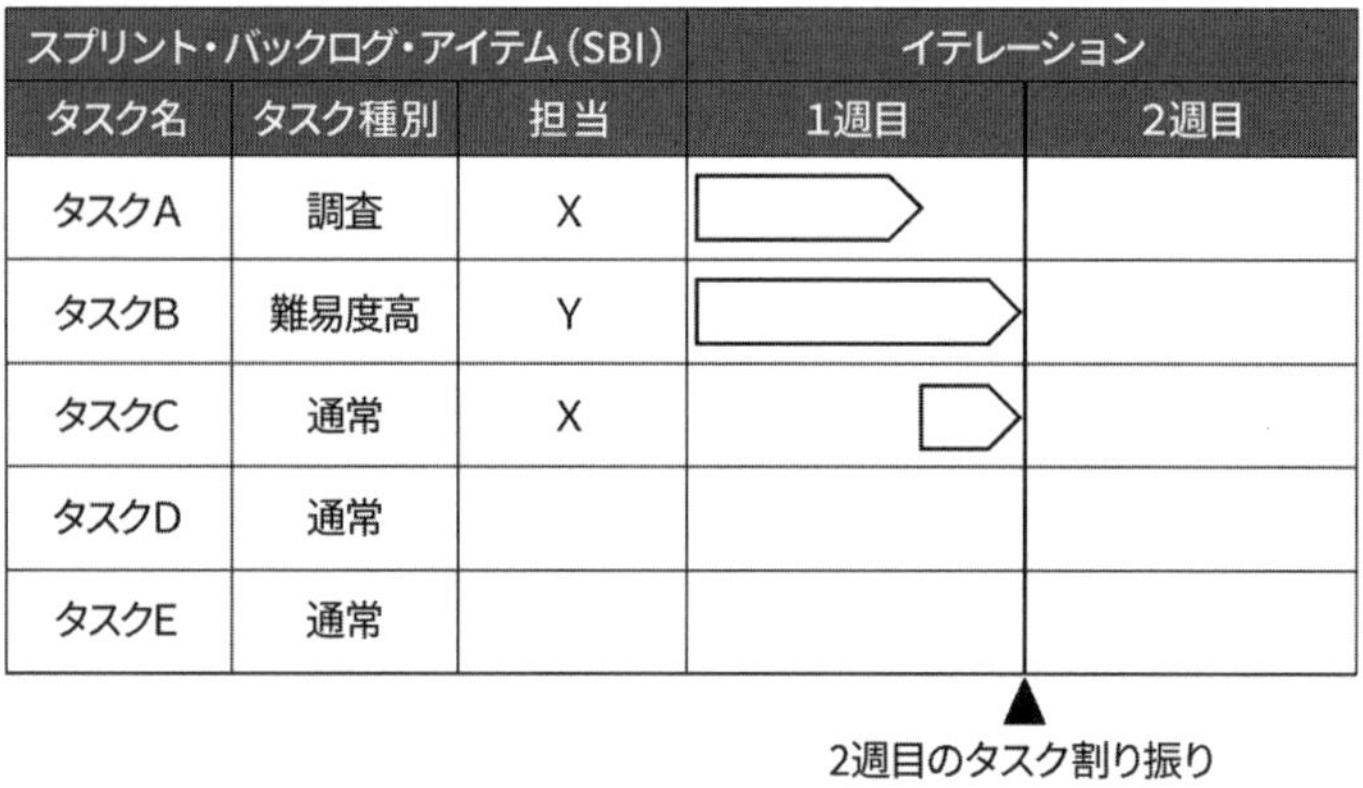

スプリント・バックログ・アイテム（SBI）			イテレーション	
タスク名	タスク種別	担当	1週目	2週目
タスクA	調査	X	⟹	
タスクB	難易度高	Y	⟹	
タスクC	通常	X	⟹	
タスクD	通常			
タスクE	通常			

図　スプリントバックログの計画例

難易度の高いタスクはイテレーションの前半に割り振る（出所：シグマクシス）

開発リーダーがＳＢＩを開発メンバーに割り振る際の留意点として、機能の実現可否を調査するＳＢＩや実装自体の難易度が高いＳＢＩは、イテレーションの前半にまとめるほうがよい。このような複雑なＳＢＩを後半に計画してしまうと、イテレーションの最後に実施する「スプリントレビュー（ステークホルダーへの進捗報告会）」のタイミングで、調査や実装状態が十分でない状態となる恐れがあるからだ。

各SBIに「Done」を定義する

スプリントプランニングにおいて開発リーダーがＳＢＩを作成したり開発メンバーに割り振ったりする際、忘れてはならないのが各ＳＢＩに「Ｄｏｎｅ」を定義することである。これは、ＳＢＩにおける完了条件を決め、開発メンバーと合意しておくという作業だ。

当然やるべき作業だろうと思われるかもしれないが、Ｄｏｎｅの定義が曖昧で、その結果、成果物にトラブルが起こるケースが多いのも事実である。とりわけ、２週間程度でタスクをこなしていくアジャイル開発にとって、Ｄｏｎｅを定義

スプリント・バックログ・アイテム（SBI）			Doneの定義
タスク名	タスク種別	担当	
タスクA	調査	X	• 調査が完了し、実現可否が明確になっていること • 実現可能の場合、その実現方法案が検討できていること
タスクB	難易度高	Y	• 実装が完了し、基本パターンでの動作確認が完了していること • 実装に１週間以上かかる見込みの場合、問題点と完了のめどが明確になっていること
タスクC	通常	X	• 条件分岐や境界値など、全パターンでテストが完了していること • テスト結果の証跡としてスクリーンショットやログをまとめていること

図　Doneの定義の設定例

「Done」を文字や数値で明確に定義する（出所：シグマクシス）

できていないことによる手戻りや追加作業は致命傷となりかねない。何となく合意するのではなく、言葉や数字で誤解のない表現で定義しておくべきだ。

ユーザーストーリーの目的を開発メンバーに伝える

最後のポイントは、ＰＯやＰＰＯが開発メンバーに対して、ＳＢＩの基になっているＰＢＩ（ユーザーストーリー）の目的をきちんと伝えることである。実現したい業務の目的や価値、機能の意図を伝えず、実装方法のみを開発メンバーに伝えると、使いにくい仕組みが出来上がってしまいかねない。

理想的な形は、ＰＯやＰＰＯが業務目的や業務価値を開発メンバーに伝え、開発メンバー自らがそれを実現する最適な実装方法を語れることである。実装方法を開発メンバーが語れるためには、業務内容を開発メンバーが理解し、システムテストのテストシナリオを作成できることが必要である。

スプリントプランニングの次の工程となる「テスト駆動開発」に必要な準備をここで整えておく意味もある。なおテスト駆動開発については実践編第４章で説明する。

定期イベント2

デイリースクラム（1日の作業計画作成）

イテレーション中のある１日に、開発メンバーがどんな作業をするのか。それを計画する作業が「デイリースクラム」である。

デイリースクラムの主たる目的は開発メンバーが計画したその日の作業予定や日々の進捗を、開発メンバーがそろって確認することにある。加えて「開発メンバーがタスクの方向性を間違って認識していないか」、「タスクを消化するうえで課題を抱えていないか」などを早期に洗い出し、もし認識違いや課題があるようならキャッチアップすることも大切な目的である。

この点を考慮すると、デイリースクラムは始業時などに開催すべきである。朝に開催することで、課題を抱えてタスクが止まる、次に着手すべきタスクに迷って作業の手が止まってしまうといった時間のロスが早期に解消できる。

特にプロジェクトの立ち上げ期などチームのコミュニケーションが活性化していない時期は、開発メンバーが課題を１人で抱えて悩んでしまいがちだ。デイリースクラムの他に全員でコミュニケーションを取る場（昼会や夕会）を設けるのも有効である。

スクラムの提唱者たちがＷｅｂ上で無償公開している『スクラムガイド』では、デイリースクラムは開発チームが開催するとしており、ＰＯやＰＰＯの参加は言及していない。だが、我々はＰＯやＰＰＯも参加しアジャイルチーム全体で開催することを強くお勧めする。

なぜならば、タスクの進捗に問題がある場合、その原因をタイムリーに把握しステークホルダーとの会話を準備しつつ、状況によってはタスクの優先順位を組み替える必要が出てくるためである。これは開発チームだけでは判断できない。

ＰＯやＰＰＯがデイリースクラムに参加しておくことで、判断を待つ時間の無駄がなくなる。ただし、開発チームに対する高圧的な態度や、タスクが進捗していないことを責めるような言動はご法度だ。

デイリースクラムは開発リーダーがファシリテートする。その際、作業状況の確認方法には注意が必要である。当日だけの進捗を「切り取って」確認するのではなく、以前から続くタスクの「連続性」を確認するようにしなければいけない。

連続性のある形で報告

連続性を確認する重要性を理解してもらうため、２つのケースを紹介しよう。１つ目が、前日のデイリースクラムで開発メンバーがあるタスクを「作業予定」と報告していたが、今日のデイリースクラムで結果報告がなく、引き続き「作業予定」としているケースだ。この場合、他のタスクの兼ね合いから単純に着手できなかっただけかもしれないし、何か作業上の課題があるかもしれない。

２つ目が、前日のデイリースクラムでは「作業予定」と報告していたにもかかわらず、今日のデイリースクラムで結果報告がないばかりか、「予定」そのものが消えてしまっているケー

	○○さん		
	Done（完了）	WIP（仕掛かり中）	Plan（計画）
N月1日	Aタスク Bタスク	Cタスク	Cタスクの残作業 α機能の不具合修正 Dタスクの準備
N月2日	Cタスク	α機能の不具合修正	Eタスク α機能の不具合修正 β機能の不具合修正
N月3日	Eタスク β機能の不具合修正	α機能の不具合修正	α機能の不具合修正 Fタスク

「Dタスクの準備」の結果が報告されていない

「α機能の不具合修正」が常にPlanにあって進んでいない

図　連続性のある報告フォーマットの例

連続性のある報告でタスクの進捗状況を確認をする（出所：シグマクシス）

スだ。この場合、報告漏れか作業実施漏れなどが考えられる。

この２つのような変化を全て開発リーダーが把握し、ファシリテートするのは非常に負荷が高い。開発メンバーに対しては連続性のある形で報告するよう指示することで、遅れているタスクや報告忘れのタスクなどをその場で検知するようにしたい。

連続性のある報告を前提とすると、デイリースクラムの流れは次のようになる。開発メンバーはまず「前日のＰｌａｎ（計画）」が何だったかを振り返り、「Ｄｏｎｅ（完了）」「ＷＩＰ（仕掛かり中）」「当日のＰｌａｎ」について、それぞれ課題や共有事項を含めて報告する。

次に開発リーダーは、Ｄｏｎｅのタスクがスプリントプランニングで決めた「Ｄｏｎｅの定義」を満たしているかを確認する。ＷＩＰのタスクについては、もともと2人日以上の工数を見積もったタスクなのか、課題が生じるなどして遅れているのかを判断する。

後者の場合はどこに課題があり、どうすれば解消できるかについて開発メンバーと認識を合わせる必要がある。当日のＰｌａｎについては作業着手に当たって、現時点において阻害要因がないかを確認する。

注意すべきは、ＷＩＰや当日のＰｌａｎで課題が分かった場合である。その場で話して解決するレベルから、ＰＯやＰＰＯと協力して解消に当たる必要があるレベルまで様々あるからだ。後者のような重大な課題であればデイリースクラム後に改めて関係者で集まるようにする。デイリースクラムは個別検討の場ではないからだ。

定期イベント3 スプリントレビュー（ステークホルダーへの進捗報告）

イテレーションの締めくくりとして開くのが、ステークホルダーへの進捗報告である「スプリントレビュー」だ。今回のイテレーションで実装したユーザーストーリー（または業務フローなど）のソフトウエアを、開発チームがステークホルダーにデモンストレーションしてフィードバックを得る。ステークホルダーはこのタイミングで初めて動くソフトウエアに接するわけだ。

スプリントレビューにおけるアジェンダ例は次の通りである。

・全体スケジュールと現在の「位置」について説明
・今イテレーションの予定と実績について説明
・今イテレーションで実装したソフトウエアのデモンストレーションとフィードバック
・今後の方向性と次イテレーションの予定について説明

ＰＯやＰＰＯはまず、全体スケジュールにおける今回のイテレーションの位置付けについてステークホルダーと認識を合わせる。タスクの全体量と現状の消化率が分かるマスタースケジュールを用いて説明するとよいだろう。

そのうえで今回のイテレーションで実施したＳＢＩについて、予定と実績を報告す

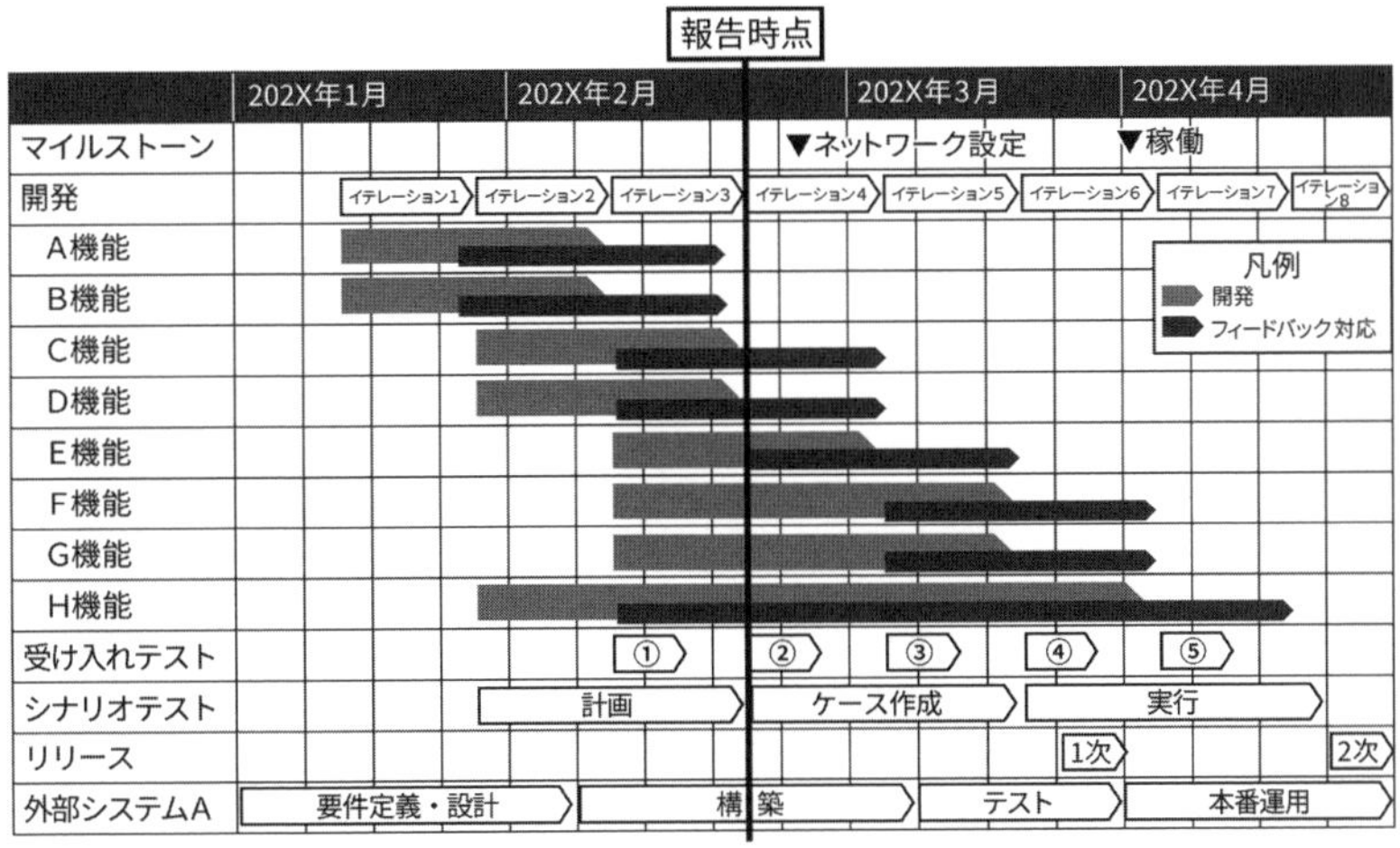

図　マスタースケジュールの例

タスクの全体量と消化具合を分かりやすく伝える（出所：シグマクシス）

る。直近のイテレーションの進捗報告だけでなく、先を見据えた見通しとセットで報告することが望ましい。

スプリントレビューでは、実現できた事柄を明確にするだけでなく、実現できなかった事柄も明確にすることが大切だ。実現できなかった影響を今後のイテレーションでどう吸収していくか、吸収した結果として今後のイテレーションや初回リリースの見込みがどう変わるかについても、併せてステークホルダーと認識を合わせておきたい。

対応が遅れたSBIがあった場合、「工数見積もりが甘かった」では誰も納得してくれない。普段からタスクに優先順位を付けて作業していることについてステークホルダーと改めて認識を合わせたうえで、遅れたタスクについては代替策を提示したり「そもそもそのタスクに価値がないと分かったので優先度を下げた」といった本質的な説明をしたりすることが必要だ。

スプリントレビューを使い勝手の品評会にしない

スプリントレビューは往々にして、出来上がったソフトウエアの良しあしを定める品評会となってしまう点にも気を付けたい。良しあしのフィードバックをしてはいけないというわけではないが、まずは「目的はユーザーストーリーを実現できるかどうかに着目してステークホルダーがフィードバックすること」と明確にし、合意しておくことが欠かせない。

またスプリントレビューでは実際に動くソフトウエアをデモンストレーションするため、ステークホルダーの関心は「業務目的をどう達成するか」ではなく、「ソフトウエアをどう使っていくか」に向きがちになる。画面項目の入力方法や入力チェックの方法など、具体的で細かい実現方法に議論の時間を使ってしまうと、本来の目的である「ユーザーストーリーをどう実現しているか」を議論する時間がなくなってしまう。

そうならないためにも、ＰＯやＰＰＯだけでなく開発メンバー自身も業務を理解して、どのようにソフトウエアを利用していくかをステークホルダーにしっかり説明できるようになることが、スプリントレビューでの議論を正常化させ、効率的に進めるポイントとなる。細かい内容の指摘については、スプリントレビュー終了後に個別にフィードバックをもらい、以降のイテレーションで取り込めるような仕組みを講じることで対応するとよい。その具体的なその方法は実践編第４章で解説する。

スプリントレビューの締めには、再度マスタースケジュールを使う。ＰＯやＰＰＯが次のイテレーションの位置付けをステークホルダーと確認したうえで、実際に何をするのかを具体的に説明して、終了する。なおステークホルダーに依頼事項がある場合は忘れないようにアジェンダに含めておくとよいだろう。

定期イベント4　レトロスペクティブ（振り返り）

チームの生産性を高めていくために、イテレーションの終了時には必ずレトロスペクティブ

（振り返り）を実施する。振り返りを通じて、必要に応じてチームのやり方を変えることでチームの成長曲線が右肩上がりに変わっていくからだ。なかには計画していても振り返りが実施されない、もしくは途中から振り返りが実施されなくなるプロジェクトが散見されるが、振り返りは成長に欠かせないため決しておろそかにせず継続したい。

振り返りを実施するに当たって大前提となるのは、より多くの意見を集めることである。皆で意見を出し合い、皆でチームの方向性を決めていくことがメンバーのモチベーションを高めることにもつながる。

ＰＯやＰＰＯは意見を否定するような物言いは控えるといったルールを事前に必ず設けておくべきである。とはいえ、ルールがあっても否定的な意見を言う人が出てくるものだ。ファシリテーターを担うメンバーはそうした実態を念頭に、議論をコントロールすることが欠かせない。

ファシリテーターに関しては、開発メンバーにもやってもらうという発想もあるが、難しい場合は開発リーダーもしくはＰＯやＰＰＯが担えばよい。できない人に無理にやらせようとはさせないことだ。

声の大きなメンバーの意見ばかりを扱わない

具体的な振り返りの取り組み方を説明しよう。ここでは振り返りでよく使う「ＫＰＴフレームワーク」を例として使う。

ＫＰＴとは「Ｋｅｅｐ（やってよかったこと、試してみてうまくいったこと、継続できるようになったこと)」と「Ｐｒｏｂｌｅｍ（気になること、課題、問題点)」、「Ｔｒｙ（挑戦したいこと、Ｐｒｏｂｌｅｍの対策、Ｋｅｅｐを強化する改善策)」の頭文字である。開発メンバーの意見をこの３つに分類しながら振り返りに生かす。

ＫＰＴフレームワークは有名だが、振り返りに慣れない開発メンバーにファシリテーターがいきなりＫＰＴに沿って意見を聞いていくことは効果的とはいえない。慣れないメンバーは「より良い意見を出さなければ」と萎縮してしまいかねないからだ。

振り返りに慣れないうちは、まずはシンプルに各メンバーが「今回のイテレーションは個人としてどうだったか」を省みることから始めるとよいだろう。振り返りを重ねていくなかで、自然とアジャイルチーム全体のことにも言及できるようになるはずだ。

以上を踏まえ、具体的な進め方を見ていこう。ファシリテーターは最初に各メンバーから「良かったこと」や「問題となったこと」をざっくばらんに出してもらう。この際、質問をして答えてもらうのではなく、時間を取って付箋などにそれぞれが意見を書き出してもらう形を取る。

声の大きな開発メンバーの意見ばかり扱われることを防げるだけでなく、付箋に書いた意見について、各メンバー自身が思いを語ることで、価値観も共有できるからだ。日ごろチームメンバーとして一緒に仕事をしているだけでは、メンバーそれぞれの価値観はなかなか分からないものだ。振り返りのこういった機会を通じて互いに理解を深められるようになる。

それだけでなく、個人的な失敗や成功をアジャイルチーム全員で共有できる良い機会にもなる。成功の要因や失敗の原因が分かれば、次のイテレーションにも生かせる。

例えば「参照すべきドキュメントを間違えたため、スプリントレビューで手戻りが生じた」という意見が出たとしよう。どのドキュメントを参照するかを開発メンバーそれぞれが個人で判断し、開発チームで共有していなかったために生じた問題ともいえる。この意見を踏まえ、各作業でどのドキュメントを参照するかをチームで話し合い、ルールをつくることで、次に生かせるわけだ。

付箋で意見が出そろったら、ファシリテーターが良かったことをKeepに、問題となったことをProblemに当てはめていく。さらにここから「チームとしての」KeepとProblemを選ぶ。選ぶ際は1人2票までと決めるなどの方法で、多数決を採るとよい。

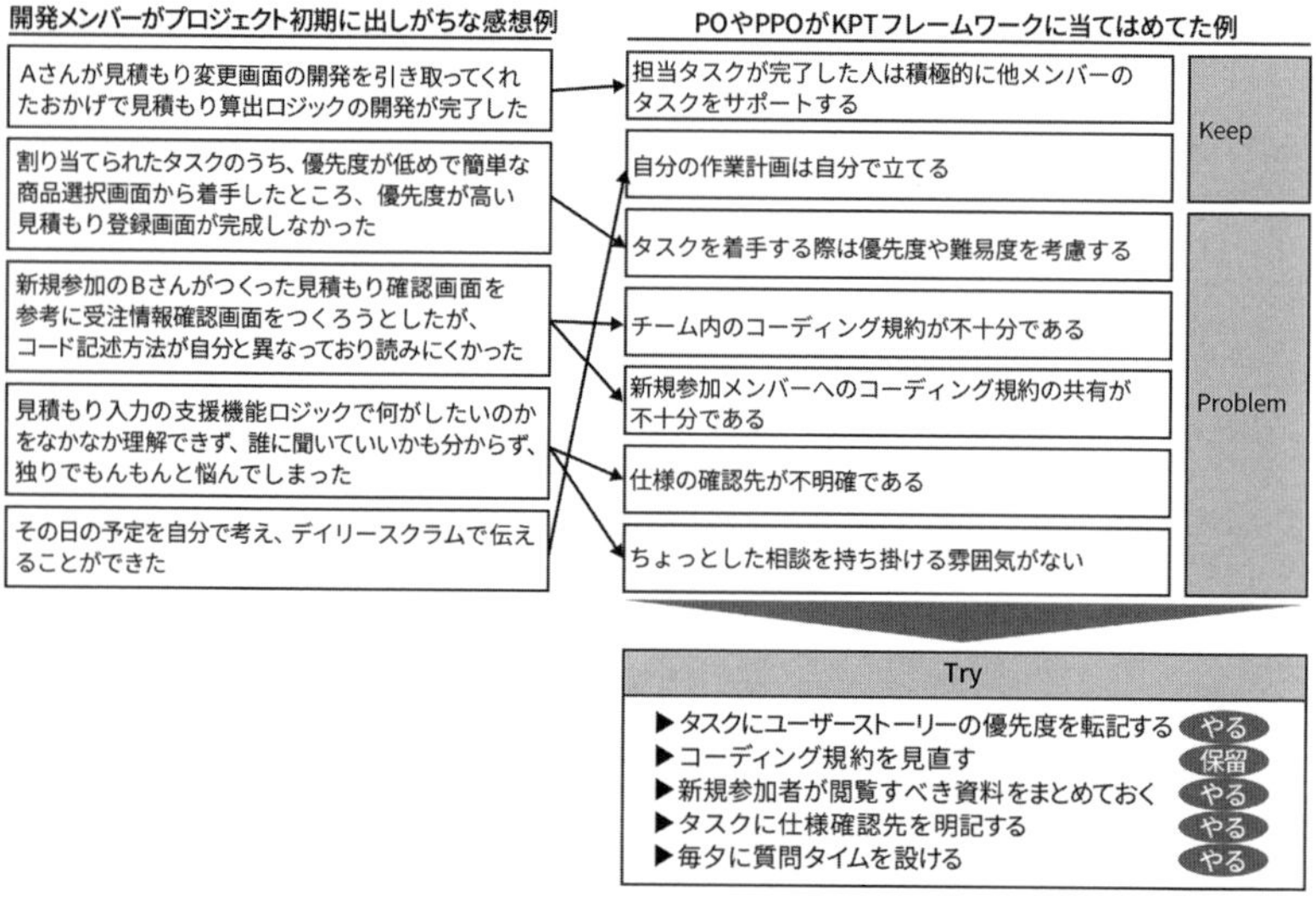

開発メンバーがプロジェクト初期に出しがちな感想例
Aさんが見積もり変更画面の開発を引き取ってくれたおかげで見積もり算出ロジックの開発が完了した
割り当てられたタスクのうち、優先度が低めで簡単な商品選択画面から着手したところ、優先度が高い見積もり登録画面が完成しなかった
新規参加のBさんがつくった見積もり確認画面を参考に受注情報確認画面をつくろうとしたが、コード記述方法が自分と異なっており読みにくかった
見積もり入力の支援機能ロジックで何がしたいのかをなかなか理解できず、誰に聞いていいかも分からず、独りでもんもんと悩んでしまった
その日の予定を自分で考え、デイリースクラムで伝えることができた
POやPPOがKPTフレームワークに当てはめてた例
担当タスクが完了した人は積極的に他メンバーのタスクをサポートする
自分の作業計画は自分で立てる
Keep
タスクを着手する際は優先度や難易度を考慮する
チーム内のコーディング規約が不十分である
新規参加メンバーへのコーディング規約の共有が不十分である
仕様の確認先が不明確である
ちょっとした相談を持ち掛ける雰囲気がない
Problem
Try
▶タスクにユーザーストーリーの優先度を転記する　やる
▶コーディング規約を見直す　保留
▶新規参加者が閲覧すべき資料をまとめておく　やる
▶タスクに仕様確認先を明記する　やる
▶毎夕に質問タイムを設ける　やる

図　KPTフレームワークの運用例

開発メンバーの「声」をPO（プロダクトオーナー）やPPO（代理プロダクトオーナー）がKPTに当てはめていく

（出所：シグマクシス）

チームとしてのＫｅｅｐとＰｒｏｂｌｅｍが決まったら、次はＴｒｙを開発メンバーで意見を出し合いながら考える。ＴｒｙはＫｅｅｐやＰｒｏｂｌｅｍに関連して考えられるケースが多いが、ＫｅｅｐやＰｒｏｂｌｅｍに関係ないものもＴｒｙに入れるべきだろう。さらには、作成物のみに目を向けず、チームの士気が上がるような振る舞いやルールもＴｒｙに含めたい。

なぜそうするのか。アジャイル開発はチームで取り組むとはいえ、開発メンバーが分業してタスクをこなすなかで、実際には同じような悩みや問題をそれぞれ抱えているケースが多いからだ。タスクが止まるほどの大きな問題であればデイリースクラムのなかで取り上げられて解決に向かうが、そこまで大きくなければ個人で抱えてしまいがちだ。

いろいろな試みでコミュニケーションを生む

以前、サービス関連会社で我々が取り組んだアジャイル開発プロジェクトで、Ｔｒｙとして「ノー残業デーの実施」や「有給取得の奨励」、「ドーナツを食べながら雑談する時間を設ける「ドーナツデーの実施」など、タスク消化に直結しない試みも入れ込み、率先して実行に移した。

ドーナツデーでは色々な味のドーナツを用意した。メンバーが互いのドーナツの味を質問し合うなどで孤立する人が出ないようにする工夫だ。そこから「そういえば」とコミュニケーションが生まれ、気軽に質問し合うことで互いの悩みを共有し、「聞けば解決する問題」を解決できるようになった。

「ノー残業デーの実施」や「有給取得の推奨」も結果的にプラスになった。アジャイル開発では各メンバーが責任感を持ってタスクに取り組むため、各人の休みに合わせて、作業をより効率化しようとする動きが出てきたからだ。これにより形骸化したミーティングの削減にもつながった。

振り返りの結果は少なくとも次のイテレーションが終わるまでは保存しておく。次の振り返りの際に、Keepの事柄を続けているのか、Problemの事柄が解決したのか、Tryは実行できているのかなどを、チームで議論する際に使うからである。

この議論のなかで継続的に続けていると判断できたKeepは取り除く。同様に解決できたProblemや実行できているTryも取り除く。

振り返りごとに、前回から持ち越したKPTと今回のKPTをてんびんにかけ、より優先するもののみを残していく。このサイクルを繰り返すことで、重要でかつ実行できていないKPTだけが残っていくわけだ。

KPTの他にも、振り返りのフレームワークとしては「Fun・Done・Learn」「StarFish」「帆船」

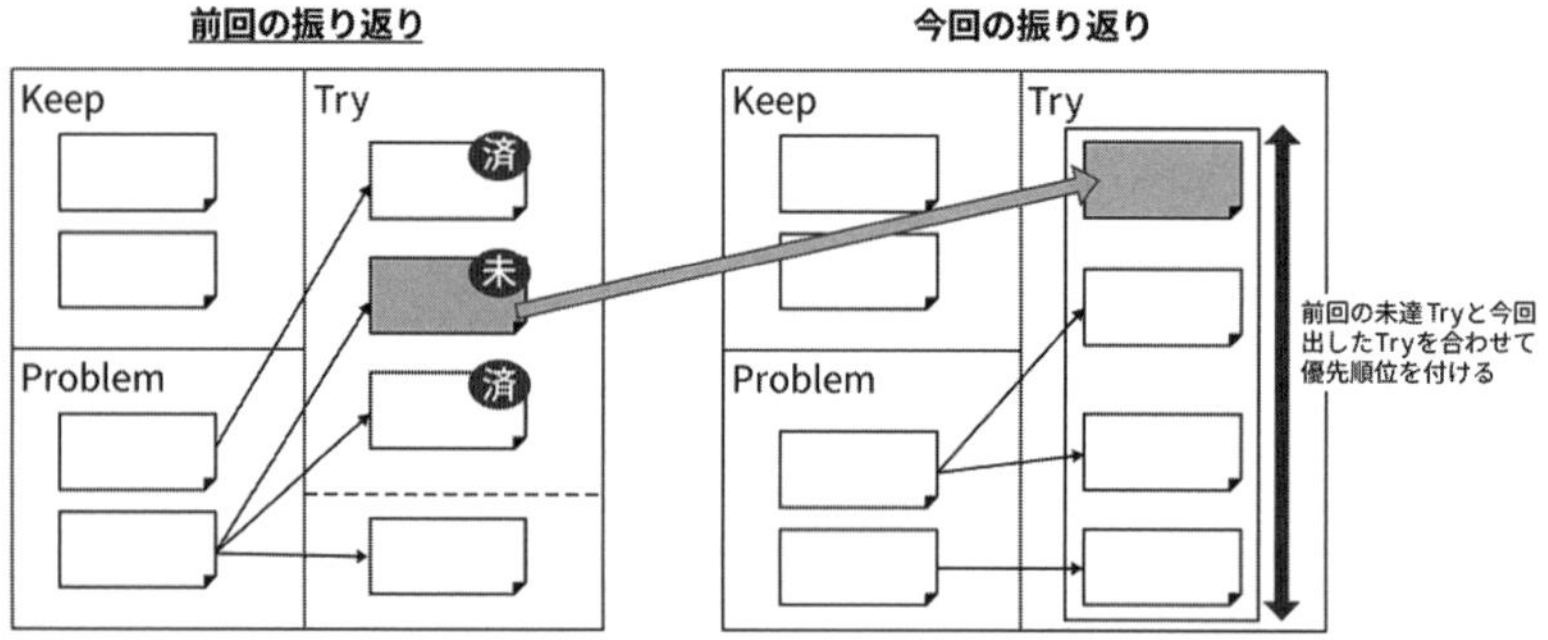

図　前回の振り返りと今回の振り返りとの関係
重要かつ実行できていないKPTを残していく（出所：シグマクシス）

など様々ある。ここでは詳しく述べないが、どのフレームワークを使うにしても、その特性や進め方をしっかり理解したファシリテーターがメンバーを誘導することで、よりモチベーションアップにつながる。様々なフレームワークで振り返りをやってみると、メンバーの「飽き」を防ぐことにもつながるだろう。

定期イベント5 バックログリファインメント（作業計画の見直し）

最後に説明するのが、バックログリファインメントだ。これは、ＰＢＩに関する３つの作業、すなわち「未着手ＰＢＩの詳細化」「詳細化したＰＢＩの工数見積もり」「ＰＢＩの優先順位入れ替え」を指す。

最初の「未着手ＰＢＩの詳細化」については、「ユーザーストーリーを『ちょうどいい大きさ』に整える」という作業だ。次の「詳細化したＰＢＩの工数見積もり」については「スプリントプランニング」で既に説明した通りである。ここでは最後の「ＰＢＩの優先順位入れ替え」について詳しく説明しよう。

まず、この優先順位入れ替えはいつ実施するのが最適なのか。「教科書」では、スプリントプランニングまでは優先順位を見直して入れ替えるものの、イテレーション中は変更しないとするケースもある。

しかし、イテレーション中でも必要に応じてPBIやSBIの優先順位を常時見直すことを勧めたい。PBIとSBIのそれぞれについて、イテレーション中でも優先順位を見直すべきケースを見ていこう。

まず、SoR（System of Record）領域のシステム開発プロジェクトでは当該システムの要件の追加・変更のみならず、法改正、事業方針の変更、業務標準化、組織改編など、大小様々な外的要因による変更が生じるものだ。イテレーション開始後にこうした変更が発生し、それにより不要となるPBIが出てくるケースもある。

教科書に忠実に従えば、イテレーションが始まったらスプリントプランニング通りに開発し、次回のスプリントプランニングでPBIの優先順位を見直すか、もしくはPOが当該イテレーションを中断してスプリントプランニングをやり直してから再開させるかのどちらかになる。

前者の場合、明らかに作業の無駄が生じる。外的要因で今イテレーションのPBIが不要になったり変更を受けたりすると分かった時点で、POやPPOは開発チームに手を止めるよう指示すべきである。そして今イテレーションの残工数と要件変更箇所の優先度に応じて、今イテレーションのPBIとして追加するのか、それとも次回以降のスプリントプランニング時に入れるのかを検討する。

後者の場合、スプリントプランニングを臨時開催するなどの調整工数がかなりかかる。しかもこの工数は多くの場合、メンバーの「尽力」によってまかなわれ、表向きには見えてこない工数である。

アジャイルチームにとっては大きな問題だ。アジャイル開発プロジェクトでは要件の追加変更は度々発生する。その都度、イテレーションの開始・終了サイクルを変えて、多くのステークホルダーが参加するスプリントレビューの開催日もそれに合わせて変更するのは、非常に多くの手間暇がかかる。賢明で現実的な選択肢とはいえない。

以上の通り、アジャイル開発プロジェクトの現場では、教科書的な対応は必ずしも有効ではない。状況に応じてＰＢＩの優先順位を常に見直すほうが適切である。

不安が信頼関係にひびを入れる

「ＰＢＩの優先順位を常に変える重要性」を我々が実感した事例を紹介しよう。

ある人事パッケージソフトウエアを使って派遣社員を管理する機能を構築するアジャイル開発プロジェクトにおいて、労働基準局と法務部門とで派遣法の解釈が異なった。これによりイテレーション途中に急きょ要件が変わり、新規に追加する予定だった機能が不要になった。

ＰＰＯは業務部門の担当者に事前報告のうえ、不要となった機能に関する登録画面やビジネスロジックの開発を中止し、浮いた工数で別のＰＢＩに着手した。スプリントレビュー時に業務部門の複数人がＰＰＯのこの判断を「正しい判断だった」と評価した。

一方で、イテレーション途中の急な変更は開発メンバーにとって大きな負荷になり、分かっていてもモチベーションを下げかねない。ＰＯやＰＰＯはこうした場合少しでも開発チームの士気を下げないよう工夫したい。

例えば開発メンバーに変更箇所を伝えるだけでなく、変更に至った経緯や理由を合わせて伝えたり、急な変更に感謝しているステークホルダーやエンドユーザーがいればその思いを開発メンバーに直接話してもらったりするような配慮を常日ごろから心掛けたい。

次に、イテレーション中にSBIの優先順位を見直す必要があるのは、イテレーションの後半に差し掛かった際に「仕掛かり中」のSBIが複数ある場合だ。POやPPOはそれらのSBIが今イテレーションで終わりそうもなければ「中断する」と判断し、今イテレーション内に完了できそうなSBIの優先順位を上げ、そこに開発メンバーの工数を集中投下する。

なぜこうしたことが必要なのか。もし仕掛かり中のSBIがそのまま終わらず、スプリントレビューで仕掛かり中のSBIが複数あると、報告を受けるステークホルダーが開発チームの能力に不安を抱くからだ。

「開発チームは多くのSBIに中途半端に手を出しているのではないか」「ちゃんと進んでいるのか」「何かに行き詰まっているのではないか」「スプリントプランニングやタスクの進捗管理に問題があるのでは」――といった不安だ。不安は信頼関係にひびを入れかねない。

ステークホルダーを不安にさせないためにも、イテレーション後半は1つでも多くのSBIを完了できるよう、優先順位を柔軟に入れ替えたい。

注意点：参加者は最小限に

最後に、各イベントの参加者の「範囲」について触れておきたい。

プロジェクト関係者が広範にわたる場合、定期イベントの参加者のスケジュール調整はＰＯやＰＰＯにとっては負荷の高いタスクとなる。適切な範囲で確実に、必要なメンバーを招集することが重要だ。

例えばスプリントレビューではプロジェクト関係者全員を集めて合意形成を図りたい。今のプロジェクト状況を評価し、今後の方向性を決めることが目的のイベントだからだ。

一方、タスクレベルでの詳細計画を策定するスプリントプランニングは、アジャイルチームだけで運営し、迅速な意思決定をできるようにしたい。このためには、本書の「基礎編」で述

◎：ファシリテーター、○：参加は必須、△：参加は任意、－：参加は不要

イベント	ステークホルダー	アジャイルチーム			
		PO	PPO※	開発リーダー	開発メンバー
スプリントプランニング	－	○	◎	○	○
デイリースクラム	－	△	△	◎	○
スプリントレビュー	○	○	◎	○	△
レトロスペクティブ	－	△	◎	○	○
バックログリファインメント	△	○	◎	○	－

図　定期イベントの参加者の目安

参加者を最小限に絞り、アジャイル開発のメリットを最大化する。※PPO（代理プロダクトオーナー）を設置しない場合は、PO（プロダクトオーナー）がファシリテーターを務める
（出所：シグマクシス）

べた通り、ＰＯやＰＰＯに必要な権限を委譲しアジャイルチームとしての「自治区」を獲得することが重要だ。

その他のイベントでは誰に参加してもらうべきか。図にまとめたので目安としてほしい。いずれのイベントについても重要なことは、参加者の数を最小限に絞り込むという点だ。大人数を集めて合議制になればなるほど、意思決定のスピードが遅れ、アジャイル開発の良さを生かせない結果につながりかねない。

ステークホルダーと適切なタイミングで合意形成を取りながら、開発チームやアジャイルチームが自律的にプロジェクトを推進することで、無駄な作業を減らした効率的な運営につながる。

第4章

アジャイルでも欠かせぬシナリオテストやデータ移行失敗回避に5つのポイント

開発工程の後半になると、初回リリースにこぎ着けるために、シナリオを使ったユーザー受け入れテストやパフォーマンスチューニング、データ移行といった、ウオーターフォール型開発プロジェクトと同様のタスクをこなす必要がある。一方でアジャイル開発は全てのタスクに優先順位を付け、効果的なタスクから優先的に実行していく。

各種のテストやデータ移行で優先度を意識して実行していくにはどうすればいいのか。実践編の第４章は、開発工程の中後期イテレーションおよび初回リリース後のイテレーション（図参照）における効率的なタスクの順番や濃淡の付け方、優先順位の考え方を５つのポイントに分けて説明する。

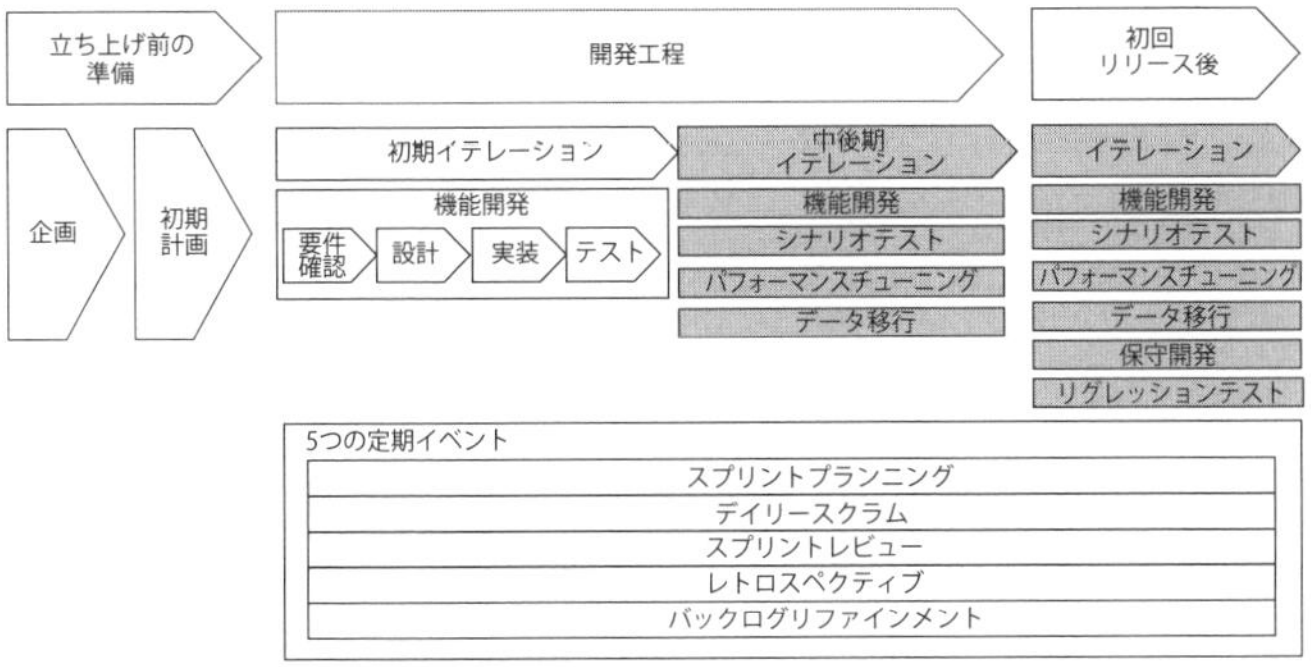

図　本章で説明する範囲を網掛け部分で示した

ポイント1

シナリオテストは「開発前から」準備する

アジャイル開発において品質を高める手法の1つが「テスト駆動開発（TDD）」である。TDDとは一般に、「プログラミングの前に単体テストのテストコードを作成し、そのテストコードに合格するようプログラミングをする開発手法」を指す。

最近ではTDDの考え方をシステムテストに広げ、業務シナリオに沿ったテストシナリオを先につくり、それを満たすように機能を実装していく「受け入れテスト駆動開発（ATDD）」の重要性も高まっている。実際に、ATDDで重要となるテストシナリオ（業務手順と入力値、期待結果を記載したドキュメント）の記述方式に関する話題や記事も多くなっている。

ただ今回解説するのは、開発手法やテストシナリオの記述方式といった開発メンバー側からのアプローチではなく、業務部門や管理者側からのアプローチである。具体的には、システムテストで実施する「シナリオテスト（業務シナリオをベースとしたテスト）」を開発前に準備するメリットや、シナリオテストに備えて何を準備すればよいのかについて解説する。

まず「テストシナリオの作成」に関して説明する。基幹システムが代表するSoR（System of Record）領域のシステムにおけるアジャイル開発では、シナリオテストは専用のイテレーションを用意して実施すべきである。

それぞれのイテレーションで開発された機能は、機能単体で正しく動くことは確認できているものの、実際の業務に沿って一連の機能をつなげて操作をした結果、当初想定していた検索条件や表示項目では業務が進まないといったケースが珍しくない。ウオーターフォール型開発では当たり前のシナリオテストだが、機能をイテレーションで分割して開発・確認していくアジャイル開発では、なおさら重要といえる。

シナリオテストは作業ボリュームが多く、対象の機能が出来上がってから実施する必要があるため、初期計画の段階から専用のイテレーションを見込んでおくことが重要となる。また各機能の開発と並行してシナリオテストのイテレーション開始までに準備を進めることも大切だ。

テストシナリオをどの段階で作成するか

ウオーターフォール型開発では、多くのプロジェクトはテストシナリオをシナリオテスト開始直前に作成する（「V字モデル」）。だが、一部ではテストシナリオを要件定義が完了した後につくるケースもある（「W字モデル」）。

W字モデルの場合のメリットは、要件定義の記憶が鮮明なうちに要件定義に関わったユーザー部門代表者と協力してテストシナリオをつくるため、時間の経過とともに記憶が薄れたり要件定義の決定事項がブレたりする前に、要件定義と正対した明確なドキュメントとして残しておけることにある。

アジャイル開発でもW字モデルと同様にシナリオテストのテストシナリオを早い段階で作成

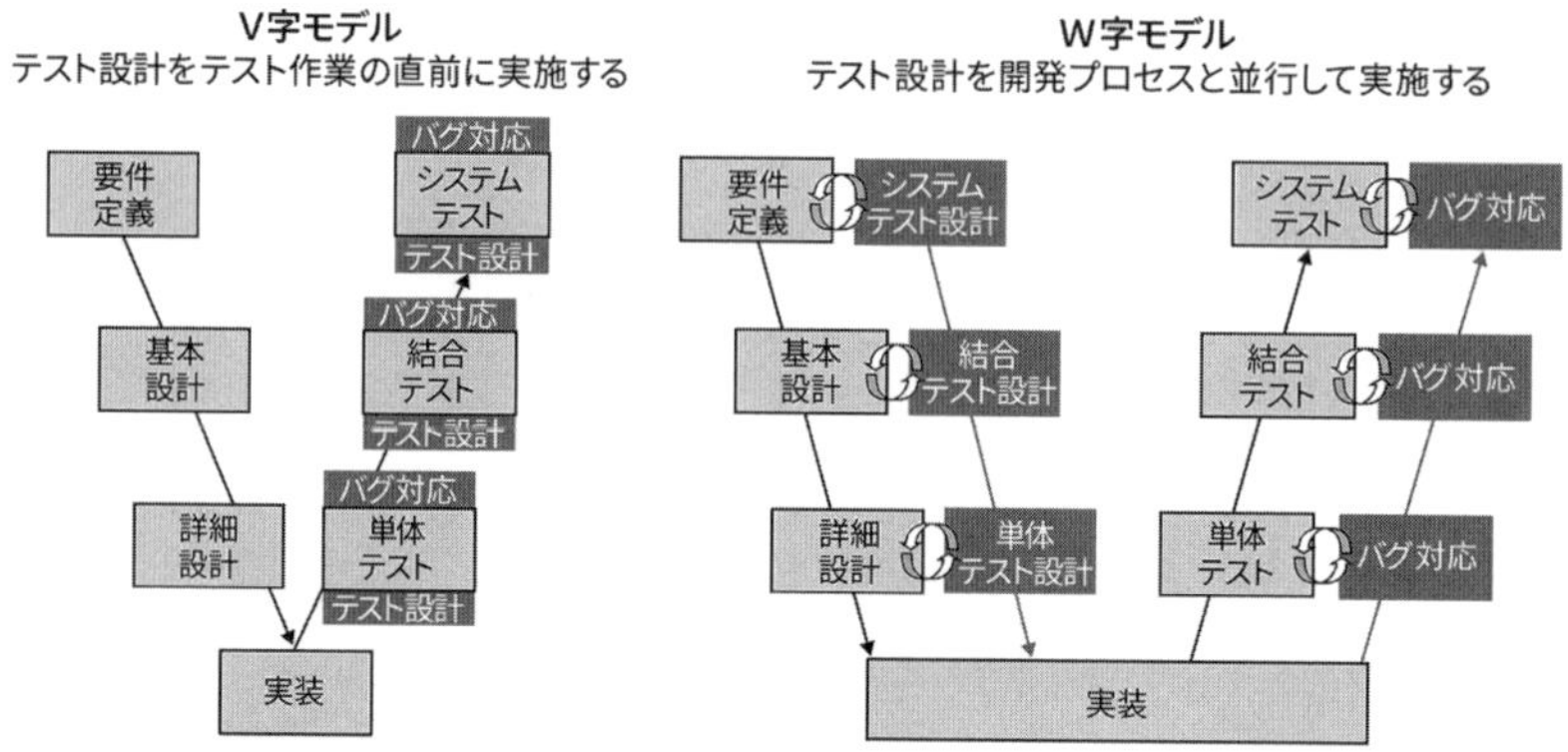

図　「V字モデル」と「W字モデル」の違い
テスト設計を開発プロセスと並行して実施（出所：シグマクシス）

したい。そうすることで、実際の開発では、ユーザーストーリーを補足する参考情報として使えるため、ユーザー部門代表者と開発メンバーとの間に生じる仕様に関する認識の食い違いを減らせる。

テストシナリオ失敗談その1

あるケーブルの製造販売会社が見積もり機能をアジャイル開発でつくっていたときのことである。見積金額を算出するロジックは非常に複雑で、10～19メートルならいくら、20～30メートルならいくらとケーブルの長さに応じて単価が階段状に決まっており、そこに様々なパラメーターが絡み合うものであった。

パラメーターは、例えば注文量に応じて設定されているボリュームディスカウント、カットに必要な工賃などだ。当初、開発チームはユーザー部門代表者から見積金額の算出ロジックを教えてもらい、その複雑な計算ロジックを実装してレビューに臨んだ。

だが結果はＮＧだった。双方が合意したと思い込んでいたボリュームディスカウントの考え方に認識の食い違いがあっただけでなく、例外処理の考慮漏れもあったからだ。

そこで、代理プロダクトオーナー（ＰＰＯ）は、複雑な計算ロジックを理解するのを一旦やめ、シナリオテストのテストシナリオをつくることにした。ＰＰＯとは、プロジェクト代表者であるプロダクトオーナー（ＰＯ）を支援して、調整役やリーダー役を担う人である。

テストシナリオ作成に当たって、ＰＰＯはユーザーに計算ロジックを事細かに聞かなかった。その代わり、「長さが○メートルで注文数量が○個でカットの種類が○だったら、○円になる」といった具体的な入力値と計算結果の組み合わせをどんどん出してもらい、それらを整理してテストシナリオとしてまとめていった。

開発チームはテストシナリオを満たすように計算ロジックを修正。併せて、ケーブルの入庫からカット、出荷時の作業についても、テストシナリオをつくる要領でユーザーに具体的にヒアリングすることで、金額が階段状になっている理由や作業費の考え方を理解し、それぞれのロジックに反映していった。この結果、２回目のレビューでは無事ＯＫが出た。

この事例ではテストシナリオをプログラム修正時の参考情報としたが、仮に開発当初からこのテストシナリオがあれば１回目のレビューでＯＫが出ていただろう。テストシナリオは、ユーザーストーリーを詳細化するタイミング、すなわち実際に機能を開発するイテレーションの１つ前のイテレーションでＰＯやＰＰＯが作成し、スプリントプランニングや個別のコミュニケーションでユーザー部門代表者と合意しておくとよい。

テストシナリオ失敗談その2

次に「開発用データの準備」に関して説明する。テストシナリオを使って、開発メンバーに具体的な業務を理解してもらうのであれば、開発用のデータにもこだわりたい。開発用データを開発メンバーが独自につくるケースが多いが、業務知識が少ないと業務の事情を反映していないデータとなり、思わぬ手戻りを招きかねない。

その一例として、確認に用いる商品名をダミーデータとしてしまったばかりに手戻りが発生した事例を説明しよう。ある商品のコードと名称を表示する選択画面をつくったときの話だ。開発メンバーは事前に商品名の最大文字数を確認していたが、最大文字数を表示すると横に非常に長い画面レイアウトとなり使いにくいと感じた。そこで、商品名の項目欄の表示幅を狭めて選択画面を開発した。ユーザー部門代表者にはダミーデータを表示した画面を確認してもらい、その場でOKをもらった。

しかし、データ移行後に実際のデータを表示してみたところ、手戻りが発生することになった。実は商品を区別するための情報は商品名の末尾に入っていた。つくった選択画面では末尾まで表示できないので、一目で商品の違いが分からなかったのだ。最初から実際のデータを使っていれば、早めにこの課題に気づけたため、手戻りを回避できただろう。

開発用データの精度を上げるには、実態に即した実データを利用することなどが有効だ。ま

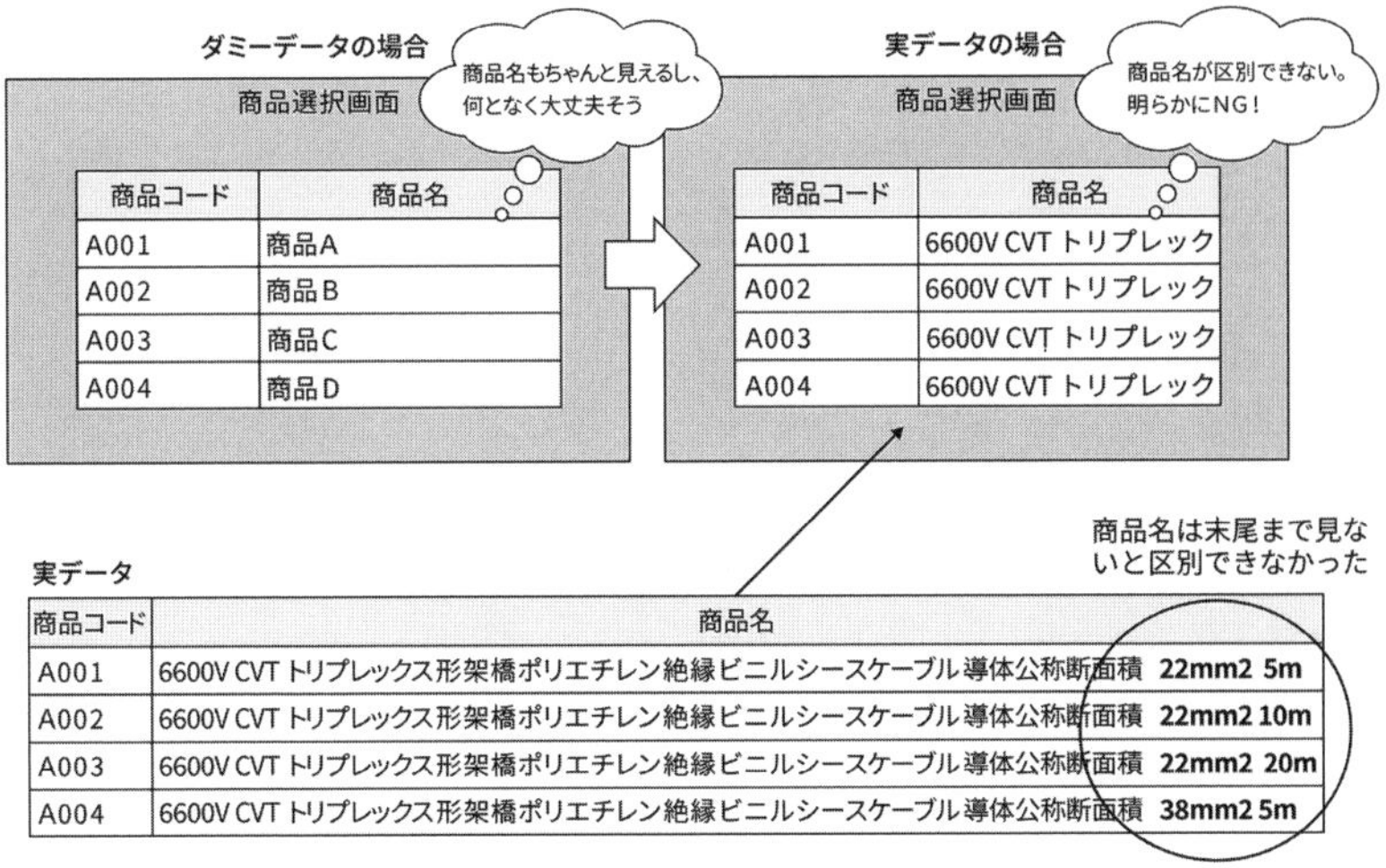

図　ダミーデータによるテストで失敗した例
実データを用いてトラブルを回避する（出所：シグマクシス）

た、開発用データを準備することはチームの成長にもつながる。

開発メンバーが実データを見ながら具体的に業務をイメージすることで、「この機能はこうしたほうが使いやすいのでは？」「自分なら業務をこう変えて改善する」など、ユーザー部門の業務を「自分ごと」として考え始めるようになるからだ。この考え方の転換はチーム成長の大きな推進力となる。

ポイント2

ユーザー受け入れテストでは、使い勝手より業務実行可否を確認

ユーザー受け入れテスト（UAT）とは、開発したシステムが価値のあるものになっているかを、リリース前にエンドユーザー自身が確認するテストである。ウオーターフォール型開発ではリリース前にユーザー受け入れテストのフェーズをあらかじめ設けるのが通例だが、アジャイル開発ではいつ実施すればいいのだろうか。

お勧めしたいのは、完成した機能から順にエンドユーザーに確認してもらう「部分的なユーザー受け入れテスト」である。検証可能な機能について、エンドユーザーへの公開が問題ないとスプリントレビューで判断できたタイミングが、部分的なユーザー受け入れテスト実施の目安となる。

部分的に実施する理由は2つある。1つは、全てができたタイミングまで待ってもらうと、エンドユーザーが要件定義時に依頼した内容を正確に思い出すのに時間がかかるからだ。もう1つは、部分的なユーザー受け入れテストを実施することで、早く間違いを見つけられるからだ。都度修正していけば、全体としての手戻りを減らせる効果を見込める。

ただ部分的なユーザー受け入れテストには落とし穴もある。我々が関わったあるアジャイル開発プロジェクトでは、部分的なユーザー受け入れテストを実施したにもかかわらず、効果的に機能しなかった。

エンドユーザーは画面項目の並び順や入力方法といった見た目や使い勝手についてばかり指摘し、そのシステムを実際に業務で利用できるかといった本質的な検証をしなかったからだ。さらにその指摘を受けて、開発チームも見た目や使い勝手の修正ばかりに注力した。

その結果、リリース直前に全体を通しての最終的なシナリオテストを実施した際、業務視点での根本的なバグが多く見つかった。しかしリリースを優先させたため、例えば「帳票に必要な項目がない」という根本的なバグは「別の項目を利用する」という運用で代替せざるを得なかった。

なぜ部分的なユーザー受け入れテストがうまくいかなかったのか。理由は本来やるべきだった「合意」をしていなかったからだ。具体的には、「ユーザー受け入れテストの目的、確認内容、確認手順、指摘に対する対応方針について、ステークホルダーで事前に合意しておく」という作業をしていなかった。

ありがちな失敗を避けるには

こうならないためにはどうすればいいのか。一般にシステム開発におけるどんな「テスト」でも、まずインプット（テストデータ）に対するあるべき結果（受け入れ基準）を作成してから、実際に確認作業（テスト）に移る。結果が期待するものでなければ、プログラムのバグや仕様書の誤り、仕様の不備などを確認する。アジャイル開発ではこれに加えて、ユーザーストーリーの意図と開発メンバーの理解に食い違いがないかを確認しなければいけない。

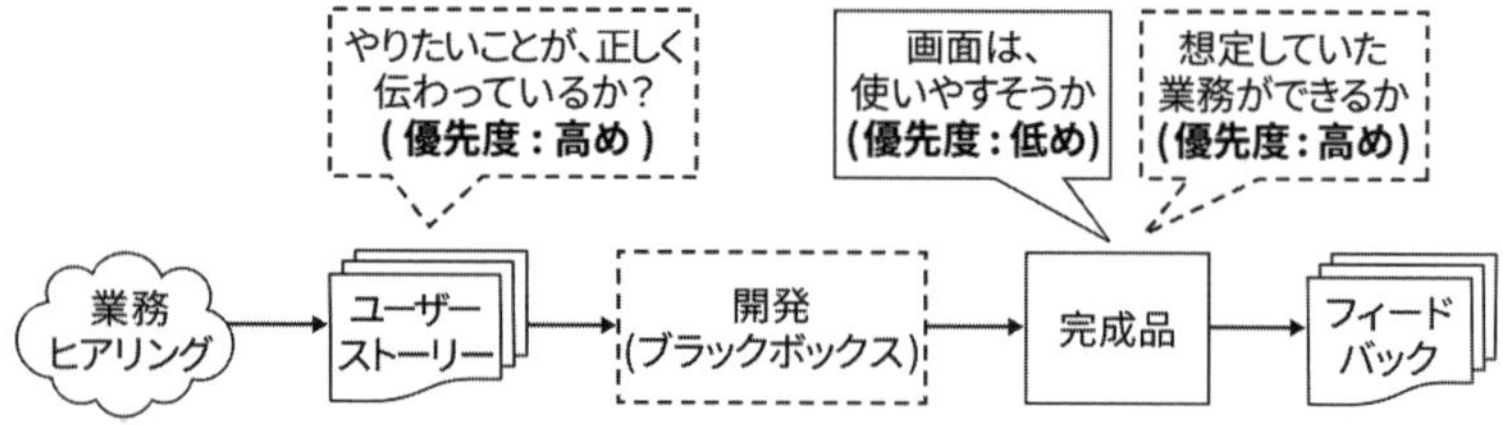

図　受け入れテストにおけるユーザーレビューのポイントと優先度
ユーザーは画面の「見た目」に目を向けがち（出所：シグマクシス）

注意が必要なのは、ユーザーストーリーの受け入れ基準はあくまで開発メンバーにとってのゴールでしかない点だ。冒頭の定義の通り、「真のゴール」は受け入れ基準を満たすことであり、開発したシステムがエンドユーザーに価値を提供できるものになっているかを確認することである。

受け入れテストでありがちな失敗は、エンドユーザーは初めて出来上がったシステムに触れることもあり、画面の見た目や入力方法ばかりに目を向けがちで、システムが価値を提供できるものになっているのかを確認しないケースだ。優先順位はあくまで「自分たちが伝えた業務要件がどう実装されていて、それが価値あるものになっているのか」を確認するほうが高い。それが済んでから「見た目や入力方法の指摘」に移るように、POやPPOは誘導すべきである。

そのためには、エンドユーザーに業務の目的や確認すべき内容を明確にしてもらったうえで受け入れテストに参加してもらう必要がある。具体的には、POやPPOが受け入れテスト前にユーザーを集めてユーザーストーリーの背景を再認識してもらう場を設ける。この場では、フローチャートなど、ユーザーストーリーの前後の業務が分かる資料を見せながら説明するとよい。

併せて、ＰＯやＰＰＯは「正しい手順で使用した場合に、期待通りの効果を得られるのかを確認してほしい」としっかり伝える。効果が得られると分かったら画面の見た目や入力方法を指摘してほしい」と
効果が得られないものについては、誤入力をどう制御するかや画面の見た目をどう改善するかといった議論をいくらしても無駄になってしまうためだ。

さらに「バグが見つかっても必ずしも修正されるわけではない」とも伝えておく。アジャイル開発では「バグの修正」「機能の改善」「新機能の開発」の３つを同じ土俵に上げたうえで優先順位を決める。

そのため、テストで生じた指摘事項にどう優先順位を付けるかについて、テスト実施前にプロジェクト関係者全員で合意しておく必要がある。例えば優先順位は、画面に必須項目が不足しているといった「業務に支障があるか／ないか」、画面の項目の並び順や入力方法の変更といった「改修効果が大きいか／小さいか」などで定めるとよいだろう。

ポイント3　シナリオテストの自動化、検討の目安は「6回」

アジャイル開発ではテストの自動化を推奨している。変更を柔軟に受け入れるためプログラム修正の機会が多いためだ。

修正が多いと必然的に「リグレッションテスト」の機会も増える。リグレッションテストとは、プログラムの一部を修正したことで、修正箇所以外に想定外の不具合が生じていないことを確認するテストである。アジャイル開発を成功させるために欠かせないテストでもある。テストを自動化する最大の目的は、このリグレッションテストを効率化することにある。テスト自動化の対象は単体テスト、結合テスト、シナリオテストなどがあるが、ここではシナリオテストに焦点を絞って解説していく。

シナリオテストを自動化する理由は、取りも直さずシナリオテストの結果からプログラムを修正することになった際に、シナリオ（業務パターン）全体をリグレッションテストすることで、全体に想定外の影響を及ぼしていないかを確認するためだ。往々にして1つの修正は他の機能に想定外の影響を及ぼす。シナリオテストの自動化は非常に有効な検証方法なのだ。

では、シナリオテストは常に自動化すべきか。当然のことだが、テストの自動化には相応の費用がかかるため、費用対効果を考えなくてはならない。

当社の試算では、自動化したシナリオテストを6回ほど実施すると「元が取れる」、すなわち費用対効果が得られる。自動化を検討する1つの目安にしてもらいたい。

次に、シナリオテストを自動化する場合、テストシナリオ全てを対象とすべきか。答えはノーだ。テストシナリオを増やせばその分費用もかかる。かけた費用に見合った効果が得られるテストシナリオに、自動化の対象を絞るべきだ。

自動化するテストシナリオをどう選ぶ？

　ではどのようにして自動化で効果が得られるテストシナリオを判別するのか。最も自動化の効果が高いテストシナリオは、様々なプログラムで使われる「共通機能」に関わるものだ。

　共通機能は利用頻度が高く、不具合があった場合の影響も大きい。ただし、その利用頻度の高さ故、共通機能を使うテストシナリオを洗い出したらテストシナリオのほぼ全てだった、というケースもあり得る。

　その場合は、業務での利用頻度が高く、プログラムの変更が多いテストシナリオをまずは優先的に自動化したい。またシナリオテスト用に共通機能を全て盛り込んだ画面／機能と、その自動テスト環境をつくり、共通機能が修正された場合は自動テストを実施して修正部分以外に悪影響が及んでいないかを確認する方法もある。

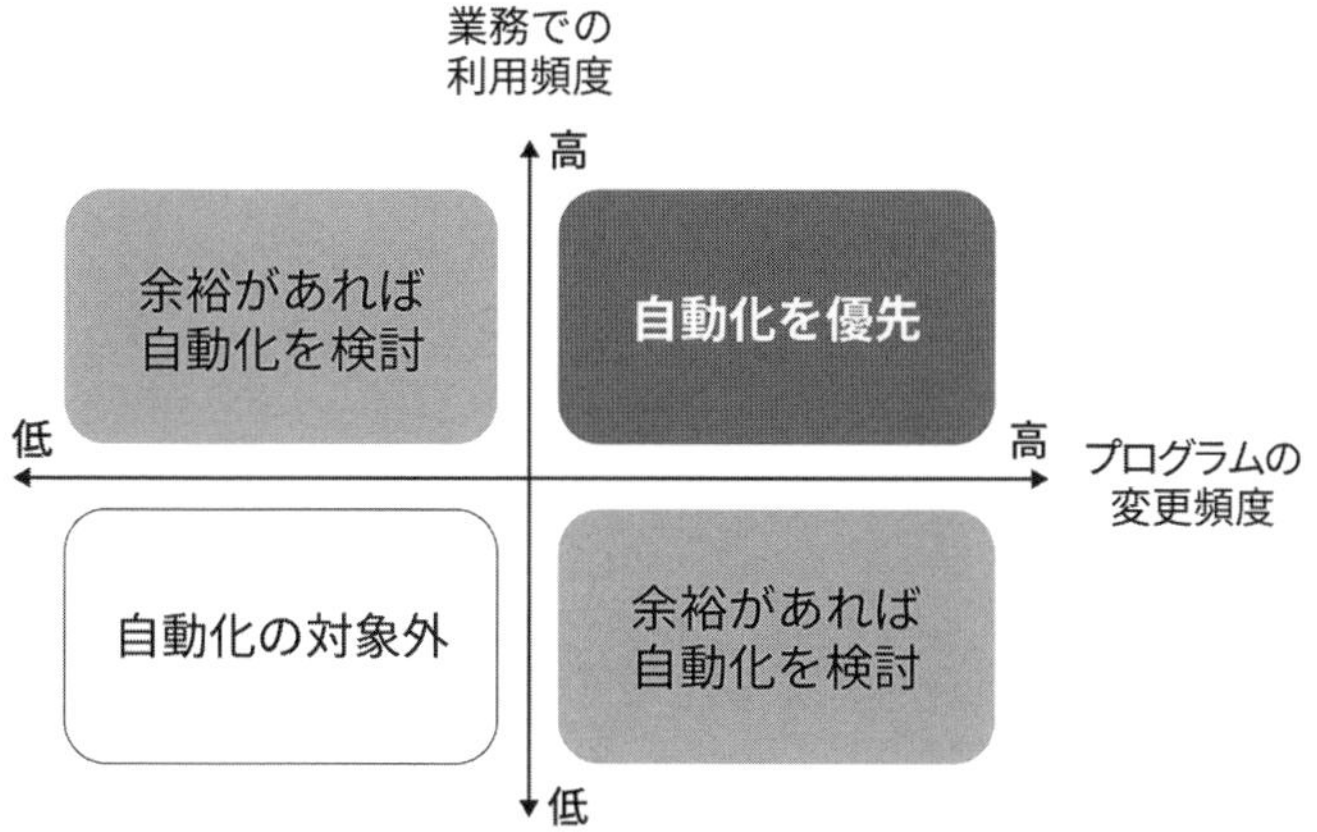

図　テスト自動化の対象例

最も効果的なシナリオを自動化する（出所：シグマクシス）

テスト自動化はいつから始めるべきか。「どうせやるならば開発当初から」と考えるかもしれないが、これは初回リリースの後でよい。

アジャイル開発の真骨頂は初回リリース後の「要望の取り込み」にある。まずは価値を実現するシステムをリリースし、この状態のシナリオテストを自動化しておく。これにより、リリース後の要望の取り込みから次回リリースまでのサイクルのスピードを上げていけるようになる。

最後に、自動化はいつから計画すべきか。これは初回リリース後に考えるのではなく、開発期間中から着手したほうがよい。

初回リリースまでにはシナリオテストのどのシナリオを自動化すると効果的なのかを検討・選択し、テスト用データを準備し、テスト手順を整備し、テスト自動化ツールを選定・購入しておく。POやPPOはシナリオテストの自動化に向け、こうした各種の準備を「通常タスク」としてイテレーションに組み込んでおく必要がある。ここまでできていれば、残るは自動化ツールに登録するのみであるため、初回リリース後に素早くテスト自動化に取り組める。

ポイント4 性能テストも「諦め」が肝心

アジャイル開発でも性能テストは欠かせない。性能テストは可能な限り、機能つまり画面や単一のバッチ処理ごとに段階的に実施し、開発チームが性能面を常に意識して実装していく形が望ましい。

アジャイル開発における性能テストの要諦を説明しよう。

機能ごとに性能テストを実施するのはなぜか。それはスプリントレビュー（イテレーションごとに実施するレビュー）を有効に機能させるためだ。スプリントレビューでは価値の検証に重きを置くが、そうはいっても最低限の性能要件（特にレスポンスタイム）が実装できていなければレビューは通らない。

我々の経験では、スプリントレビューで画面の検索機能をエンドユーザーがレビューした際、ある検索結果が返ってくるまで数十秒かかってしまったことがある。結果、フィードバックが処理時間に関するものとなってしまい、機能の価値を適切にレビューしてもらえなかった。

性能テストを実施する際に使うテストデータにも留意したい。よくあるのは、機能を検証できれば何でもよいだろうと、作成に手間がかからない単純なデータを使ってしまうケースだ。

だが性能テストもシナリオテストと同様に、ユーザー部門が実際に使う本番データ（またはそれに近いデータ）を使ってほしい。性能テストで大変な作業の１つがデータのボリュームを確保することである。本番データを利用できれば、この作業は飛躍的に軽くできる。

また本番データには往々にして開発メンバーにとって「想定外」のデータを含んでいる。性能テストで本番データを使えば想定外のデータを検知・対処できるため、本稼働後のトラブルを事前に防げる。いずれもメリットは大きく、検討する価値がある。

性能改善では優先順位を遵守

開発チームが開発中にパフォーマンスチューニングをする際は、全ての機能に対して性能を改善するのではなく、幹となる機能から優先して対応する。例えば画面であれば、検索画面のようなよく使われる画面から対応するとよいだろう。

API（アプリケーション・プログラミング・インターフェース）であれば、レスポンスの悪化が他の機能に悪影響を及ぼすようなAPIから優先的に対応する必要がある。例えば、別の機能からAPIが呼ばれた場合、20秒以内に応答できずタイムアウトとなり、呼び出し側の機能がエラーとなってしまうケースなどだ。

バッチ処理でも処理全体から見てクリティカルパスの位置にある機能の性能改善を優先的に取り組む。こうした優先順位付けももちろんスプリントプランニングで実施する。

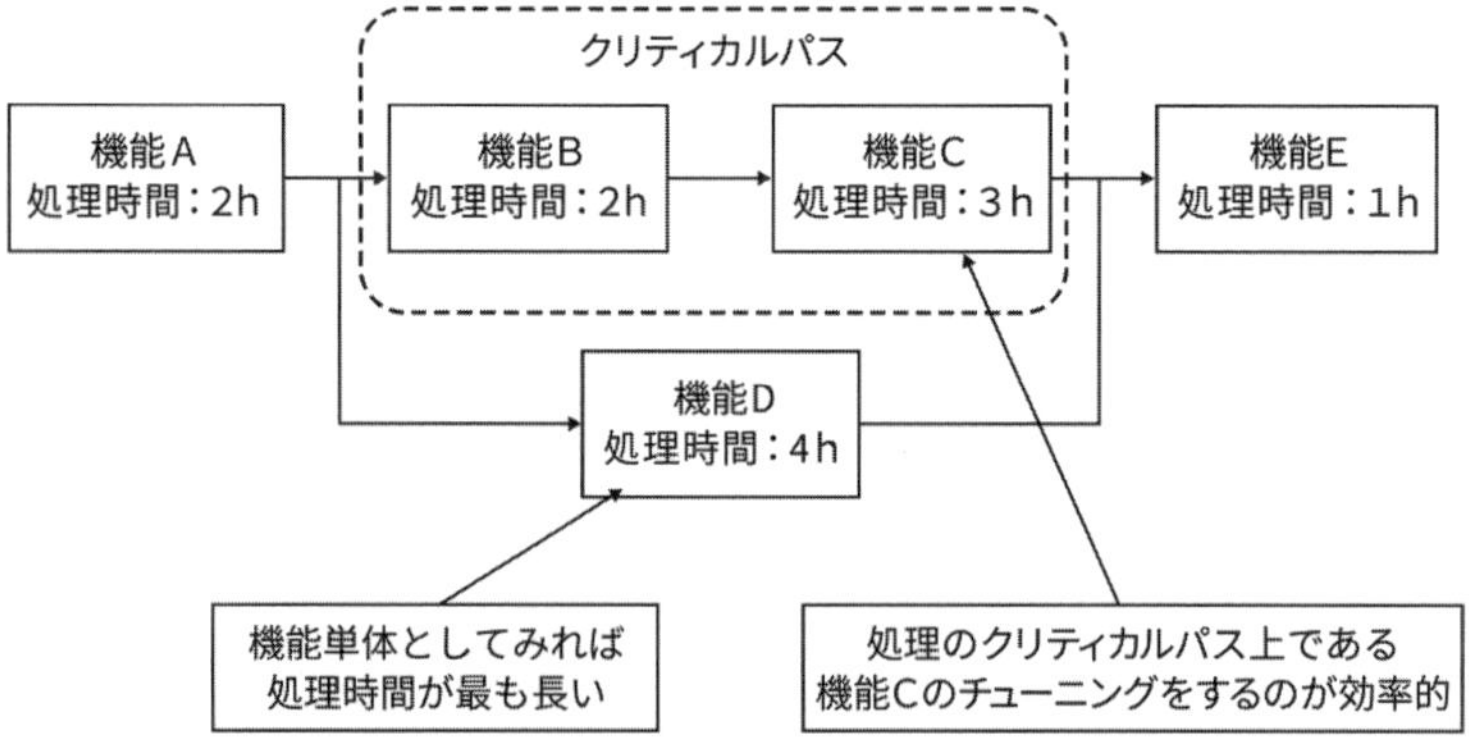

図　バッチ処理におけるパフォーマンスチューニングの優先順位
クリティカルパスにある機能の性能から改善する（出所：シグマクシス）

では、優先順位が低く、パフォーマンスチューニングをしなかった機能はどうするか。端的に言うと、初回リリース時点では諦める。

性能面に限らず、初回リリースまでの改善を「合意のうえで」見送った機能は、運用監視で日々モニタリングしながら、変化の予兆を早めに捉えていく。モニタリングについては、「しきい値を決めてそれを超えているか」という単純な確認ではなく、リソースに関していえば「上昇傾向にあるか」という観点を持ちたい。

運用監視については基礎編の第４章で紹介したが、開発チームの生産性の観点から開発チームが担当するのではなく、別途運用監視チームを組成し対応するのが望ましい。運用監視チームがリソース使用率上昇の予兆を検知した場合、運用監視チームからアジャイルチームに連携後、必要に応じてＰＯやＰＰＯが原因を調査するＰＢＩ（プロダクト・バックログ・アイテム）をつくり、上昇傾向の原因を調査する。

アジャイル開発で重要となる優先順位付け、裏を返せば対応しないものを決める「諦め」は、性能テストにおいても重要なのである。

ポイント５

変更や追加が発生した際は、あえてデータを一括移行しない

アジャイル開発でＳｏＲ領域のシステムを再構築する場合、欠かせないのが旧システムから

新システムへのデータ移行である。代表的なタスクを洗い出すと次のようなものになる。

・移行に関するタスクの計画策定
・ユーザー部門代表者による移行対象データの洗い出し
・移行ツールの作成とツールのテスト
・データクレンジング（データの表記ルールを統一したり正規化したりして、本番データとして問題のないレベルまでにデータ品質を整えること）
・移行リハーサル
・移行作業

データ移行はユーザー部門にも作業が発生するため、やり直しとなるとエンドユーザーの日常業務にも影響が出てしまう。手戻りは可能な限り避けるよう、抜け漏れなくタスクを組んでいきたい。

ウオーターフォール型開発プロジェクトでは一般に、新システムで使うデータベースのテーブル設計は設計フェーズまでに完了させる。さらに移行対象データはプロジェクト後半のあるタイミングをもって確定させ、そのデータを移行する。

一方、アジャイル開発は「変更を柔軟に受け入れる」という特徴があるため、まさにデータを移行している作業の最中でもテーブル設計の変更が生じたり、移行対象データを確定させた後でも移行データを追加したりするケースがある。その都度、移行ツールに手を入れたりデータクレンジングをやり直したりしていると、タスクが雪だるま式に増える。その結果、初回リリリースが遅れてしまうこともあり得る。

「落とし穴」にはまった苦い経験

あるプロジェクトで我々がPPOとして支援を担当した際、この落とし穴にはまった苦い経験がある。プロジェクト当初、データ移行を3イテレーション（このプロジェクトでは1イテレーションは2週間だった）で済ませる計画を立てていた。具体的には、移行ツールの作成に1イテレーション、移行リハーサルに1イテレーション、データ移行作業に1イテレーションというものだ。

この3イテレーションには、ユーザー部門による移行データの整理や、通常の機能開発も含まれていた。そのため、移行ツールを作成するイテレーションでは、ユーザー部門代表者がテーブルの設計変更や移行対象データの追加を要望してきた。「変更の影響が広範囲に及び、受け入れることは厳しい」。我々はPPOとしてそう理解しつつも、初回リリース日の先送りを含むスケジュールの見直しや変更受け入れの一時停止といった交渉をユーザー部門代表者としないまま、全ての変更を受け入れてプロジェクトを継続した。

その結果、初回リリース日までに移行が間に合わなかった。どんな状況になったかというと、データクレンジングに十分な時間を確保できず、移行ツールを実行した際にエラーが多発した。エラーが出る度にデータの不適合箇所を特定し、ユーザー部門代表者に確認するという作業を繰り返した。事態を改善しようと移行ツールをつくり直したものの、移行日までに移行データをそろえ切れなかった。

こうした事態に陥らないためには、どうすればよかったのか。大前提としては実践編の第2回で解説した通り、「通常タスクをスケジュールに組み込んで動かさない」というルールをユーザーと事前に合意することが必要だった。

それでもやはりアジャイル開発に取り組むからには、初回リリース直前でのテーブル設計変更や移行データ追加はあり得ると覚悟しておかなければいけない。さりとて変更や追加をあらかじめ見込んで計画を立てたりバッファを設けたりすることは初回リリースを実質的に遅らせることにつながるため難しい。結果、初回リリース直前のデータ移行で無理筋な要望が出てきても、ついつい何とか詰め込もうと無理をしてしまう。

設計変更やデータ追加。どうやって対処するか

無理をすれば失敗してしまうので、ここでは割り切りが大切だ。実践編の第1章で解説した通り、優先順位に鑑み、移行範囲や順番を見直すべきである。例えば初回リリース直前にテーブルの変更や移行対象データの追加を要望された場合、まずは当初予定のテーブルとデータのみを移行し、変更・追加分は初回リリース後の落ち着いたタイミングで移行する。

例として、「当初のデータ移行量が1レコード（行）当たり5カラム（列）×過去1年分として、移行データを整備したり移行ツールを作成したりしていたが、初回リリース前に急きょ1レコード当たり5カラムを追加し、計10カラムのデータ移行が決まった」という場合を想

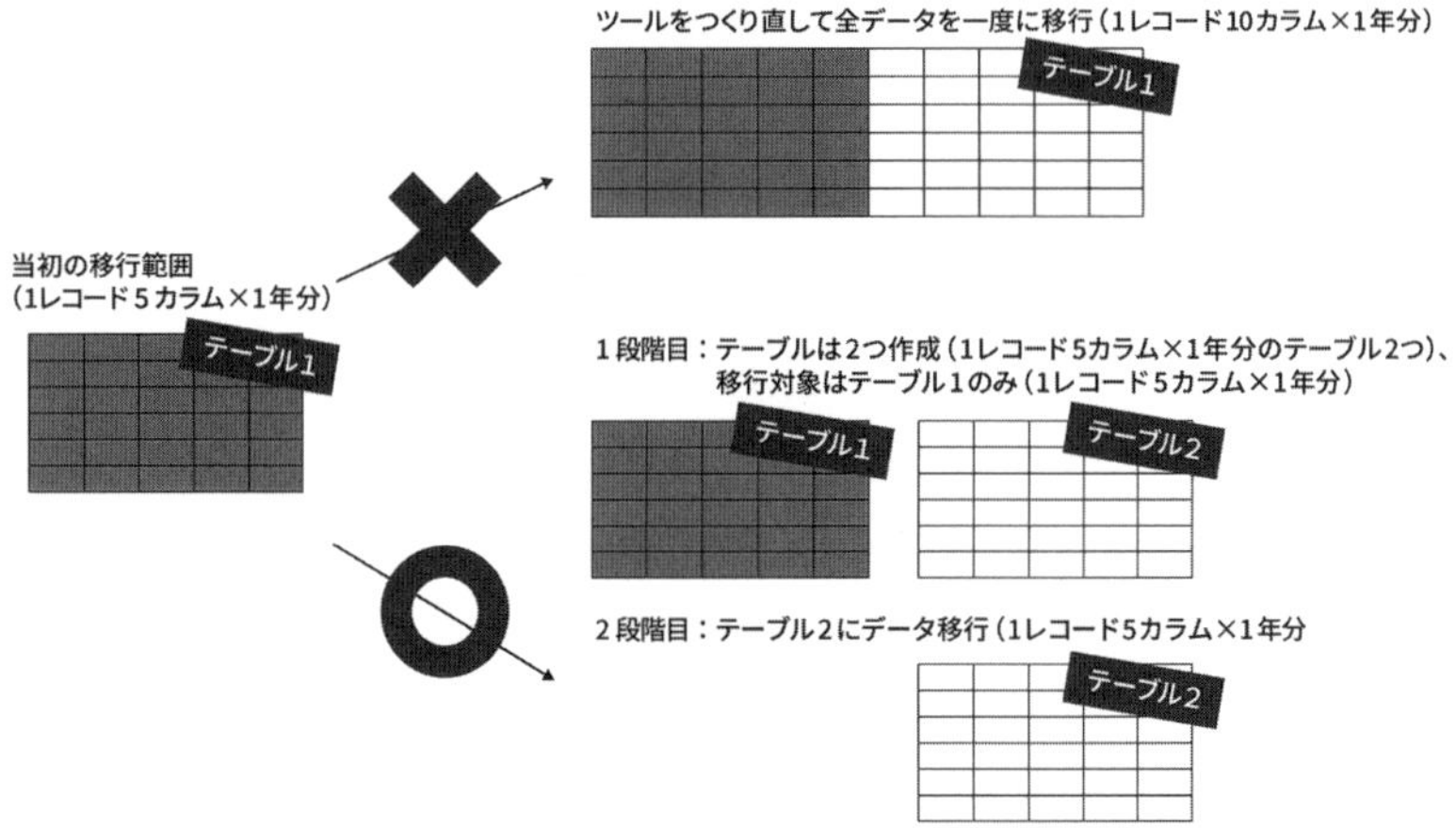
ツールをつくり直して全データを一度に移行（1レコード10カラム×1年分）
テーブル1
当初の移行範囲
（1レコード５カラム×1年分）
テーブル1
１段階目：テーブルは2つ作成（1レコード5カラム×1年分のテーブル2つ）、
移行対象はテーブル１のみ（1レコード５カラム×1年分）
テーブル1
テーブル2
２段階目：テーブル２にデータ移行（1レコード5カラム×1年分
テーブル2

図　途中で移行対象データが増えた場合の移行方法
データ移行の変更要求に最小限の工数で対応する（出所：シグマクシス）

定してみよう。

カラムの追加が決まっても、初回のデータ移行では当初予定していた分だけのデータを移行する。ここで移行対象のテーブルにカラムを追加したり移行ツールをつくり直したりしてはいけない。

ただし追加された５カラム分のテーブルだけは、カラム追加が決まった段階でつくっておくとよいだろう。初回リリース後、追加した５カラム分のデータを移行するために新たに移行ツールをつくり、追加分の５カラム×過去１年分のデータを移行する。

こうして２段階で移行することで、手元にある移行ツールを生かし、かつ最低限のデータをスケジュールの変更なく移行できる。２段階目に新たに移行ツールをつくることは手間ではないかと感じるかもしれないが、新たにつくることで１段階目に移行したデータに影響を及ぼすことなく、2段階目のデータを移行できる。安全性を考慮すると「急がば回れ」というわけだ。

無理をせずに割り切って2段階で追加要望に応えるという方法は他にも応用が利く。例えば当初は「画面から項目を入力する」という要望だったが、初回リリース直前に「入力データを使って集計結果を出したい」という追加要望を受け入れると決まった場合を考えてみよう。

この場合、初回リリースに向けたデータ移行では画面から入力するデータだけを移行し、集計結果については集計結果を格納するテーブルを準備するにとどめ、実際にデータを格納しない。落ち着いたタイミングで、2段階目の移行として、用意しておいたテーブルに集計結果を格納するといった具合だ。

データ移行は開発チームだけでなく、エンドユーザーの時間を使うタスクのため、やり直しや途中での仕様変更はできるだけ避けたい。だが一方で、変更を受け入れないと業務に支障が出たり価値が損なわれたりする場合もある。

やむを得ず変更を受け入れる場合は、変更の影響を最小限に抑えるため、一度にデータを移行せずに複数段階に分けて移行し、不要な作業をなるべく省くよう進めたい。

第5章

デプロイ・タスク管理・チームの成長 アジャイル「ならでは」の長所はこう引き出す

本書ではこれまで基礎編と実践編を通し、一貫して「アジャイル開発らしさにとらわれず、ウオーターフォール型開発の経験も生かすべきだ」と主張してきた。だが、アジャイル開発にはウオーターフォール型開発の「常識」が当てはまらない部分があるのも事実である。実践編の最終章として、アジャイル開発プロジェクトの全工程を通じて、特に注意すべき6つの違いを説明する。

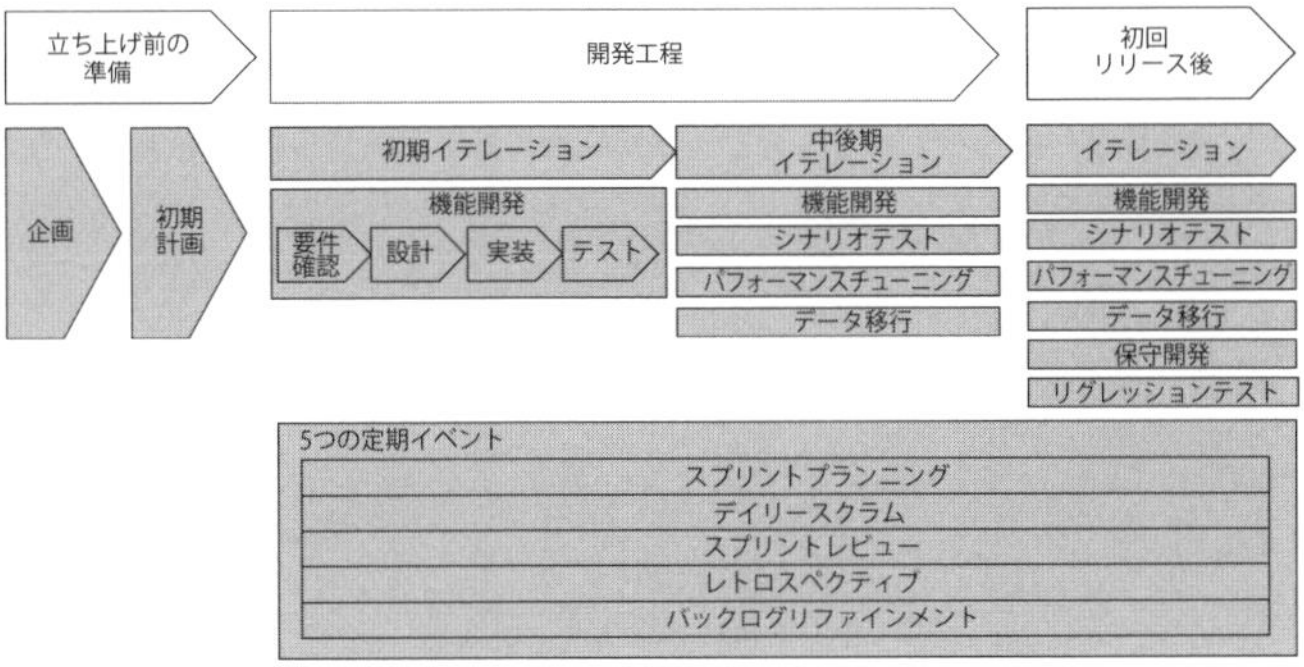

図　本章で説明する範囲を網掛け部分で示した

違い 1

成果物は「正常に動く機能」そのもの

最初の違いは、開発したプログラムを本番環境に展開するデプロイ作業の考え方だ。

一般的な請負契約のウオーターフォール型開発では、ソースコードや実行可能なプログラムそのものが契約対象の成果物となる。そのため、ソースコードに不具合がないことは当然として、ソースコードそのものがコーディング規約に沿った「完成品」であることが求められる。

通常、テスト環境で開発ベンダーが動作に不具合がないことを確認したプログラムは、発注者側に納品され、発注者側の最終確認を経て本番環境にデプロイされる。多くのプロジェクトでは、デプロイ時点でソースコードの記述そのものをチェックすることはないものの、コーディング規約に沿った完成品であることが開発側と発注側の共通の前提となっている。

しかし、アジャイル開発にはこの考え方を適用すべきではない。根本的な考え方の違いがあるためだ。

アジャイル開発では、ソースコードやプログラムではなく、「正常に動く機能」そのものを成果物と考える。そのため、極端に言えば、たとえソースコードがコーディング規約に沿っていなかったとしても、また、別途追加開発中の書きかけのソースコードが含まれていたとしても、対象機能を実行するうえで影響を与えないと確約できていれば、その時点での納品物としては問題がなく、本番環境にデプロイ可能と考える。

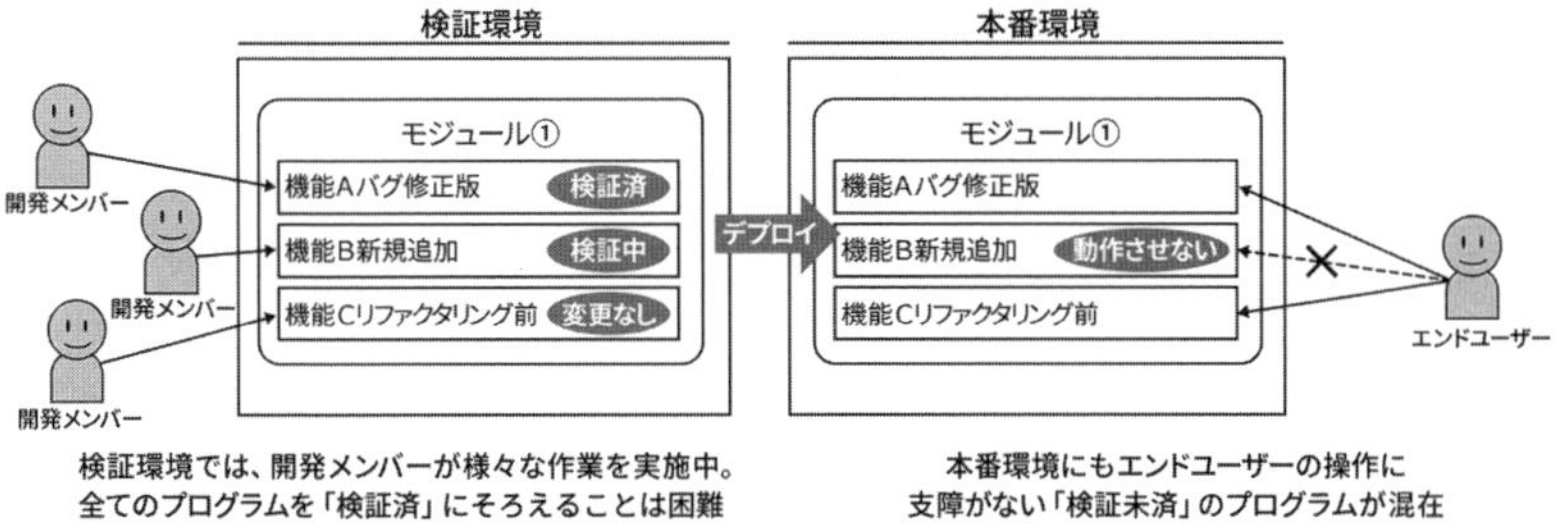

図　アジャイル開発でデプロイされるプログラム
成果物は「プログラム」ではなく「正常に動く機能」（出所：シグマクシス）

アジャイル開発の開発現場では「CI／CD（継続的インテグレーション／継続的デリバリー）」という開発プロセスが一般に広まっている。CIはプログラムが登録されたり変更されたりすると自動的・定期的にテストやビルドまで実行できるようにする手法である。CDはCIに加えデプロイも自動化する手法だ。

CI／CDを導入することで、シナリオテストまで完了したプログラムだけをリリースに合わせてビルドしていくのではなく、単体テストが完了したプログラムもタイムリーにテスト環境にある既存のプログラムに統合されていく。デプロイは単体のプログラムのみを対象とするのではなく、依存関係があるプログラムも対象となるため、デプロイ対象となるプログラム群の中には、シナリオテストが完了したプログラムとシナリオテストの途中にあるプログラムが混在する。

ときには、将来的にリファクタリング（保守性や拡張性の向上を目的として、複雑化したプログラムの内部構造を整理する作業）の対象になるであろう、コーディング規約に沿わないソースコードや可読性の低いソースコードも混在する状態となる。

そもそもアジャイル開発は、ただ1つのリリース日を目指してプロジェクトを進めるのではなく、五月雨のリリースをよしとしている。そのため、デプロイ対象のプログラムが全て完全ではない状態はむしろ当たり前といえる。

もちろん、プログラムのバージョンを厳密に管理して、デプロイ前にその対象からテスト途中のプログラムを除いたり、ソースコードのレビューを徹底させたりすることで、アジャイル開発においてもウオーターフォール型開発と同等にソースコードやプログラムの（直接機能に関わらない見た目上の）完成度を担保することはできる。しかし、こうした管理はデプロイに関する作業を煩雑にし、アジャイル開発のメリットである俊敏性を損なわせかねない。

違い 2
共通機能・共通部品は「育てるもの」

2つ目の違いは「機能や部品の共通化」についてである。

各イテレーション（1サイクルの開発期間）で開発する機能はなるべく複雑な依存関係を排して独立性を持たせたほうが、リリース時のリスクを減らせる。一方で開発効率と稼働後の保守性を考慮すると、一定の共通化にはメリットがある。依存関係を強めてしまう「機能や部品の共通化」をどこまで進めるべきだろうか。

アジャイル開発では、開発着手前に機能の全体像を設計するわけではないので、ウォーターフォール型開発のように精緻に共通化を設計するのは難しい。しかし、アジャイル開発でも行き当たりばったりで開発を進めるわけではなく、特にＳｏＲ（System of Records）領域のシステムを開発する際は、システムの全体像をつかんだうえで優先度や通常タスクを導き出すことが欠かせない。この全体像を基にして、概要レベルからでも共通化設計を進めることを推奨したい。

具体的には、初期計画の工程で、アジャイルチーム全体、すなわちプロジェクト代表者の「プロダクトオーナー（ＰＯ）」、ＰＯを支援して調整役やリーダー役を担う「代理プロダクトオーナー（ＰＰＯ）」、そして開発リーダーと開発メンバー全員で、共通化したほうがよさそうな機能の認識を合わせることから始めるとよいだろう。

例えばログイン認証、役職や組織にひもづく権限コントロール、申請・承認などのワークフローなどは共通化しやすく、そのメリットも大きい。ただ、最初から全ての共通機能や共通部品を洗い出そうと力を注ぐのではなく、むしろここでは「必要になったときに共通化を検討すること」や「その対応に時間を費やすこと」について、ステークホルダーとあらかじめ合意しておくほうを重視したい。

その際、アジャイル開発における共通機能・共通部品は、ウオーターフォール型開発のように「一度つくって終わり」ではなく、「プロジェクトの全期間にわたって育てていく」ものだという考え方も共有することが欠かせない。

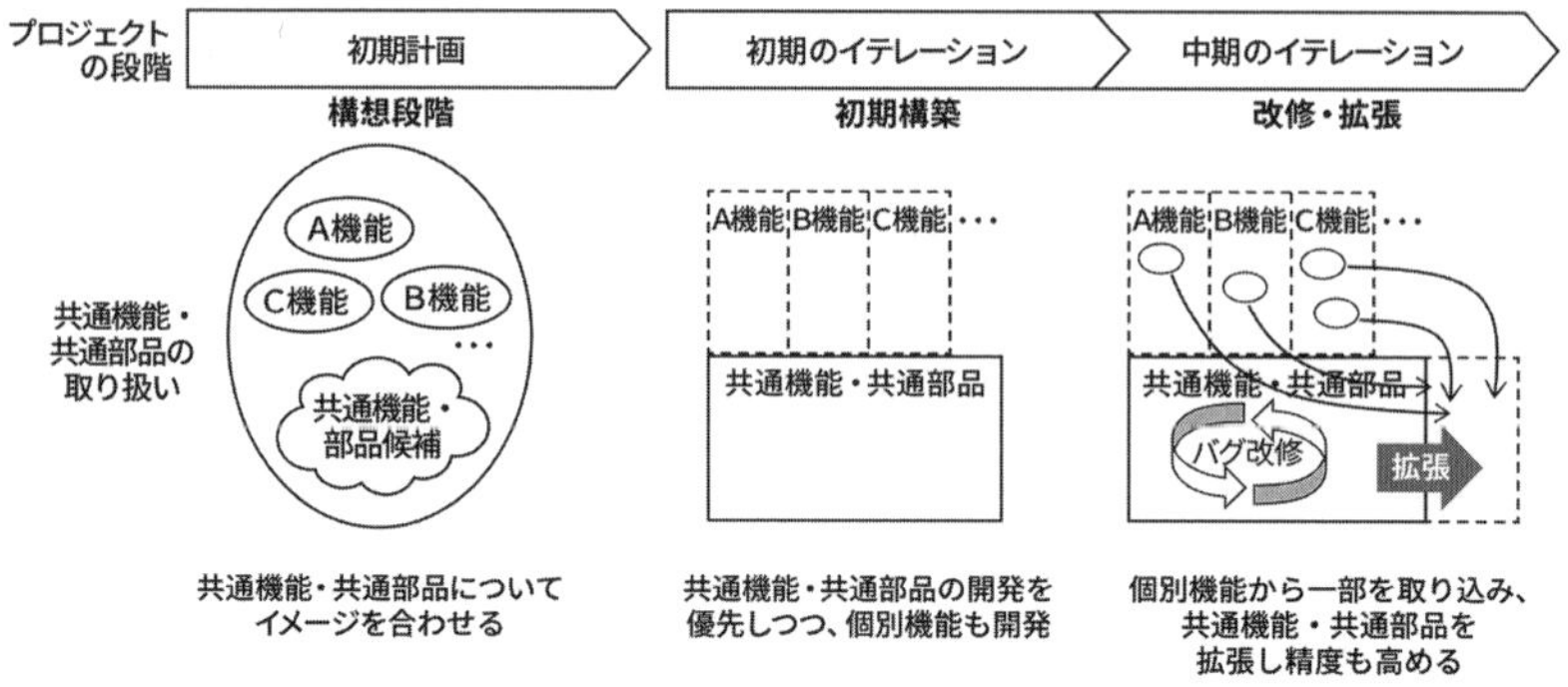

図　プロジェクトの各段階における共通機能・共通部品の取り扱い
共通機能・共通部品を育てる（出所：シグマクシス）

事例紹介：共通化のメリットを根気強くコミュニケーション

「共通化の効率性」と「個別化の自由度」。そのバランスが保てた事例を紹介する。

アジャイル開発プロジェクトとしては比較的規模が大きく、複数のアジャイルチームで構成されていたあるプロジェクトでは、共通化によって各チームの工数を大幅に削減できた。我々はＰＰＯとして参加した。

このプロジェクトでは、社内で使う複数の機能を同時に開発する必要があったため、まずはログインや権限コントロールといった必要最低限の共通機能を開発し、そのうえで個別機能を開発するルールとした。ただ当初は共通機能の開発に手間取った。

そのため、実際に動く機能をステークホルダーやユーザー部門代表者に確認してもらう場であるスプリントレビューにおいて、実際に操作したり視覚的に確認したりできる機能を提示できない状況が続いた。当然ステークホルダーからは厳しい指摘も出た。

共通機能よりも個別機能の開発を優先すべきではないかという議論も起こり、コミュニケーションにかなりの時間を割く事態となった。我々はステークホルダーに対し、「共通化を先行させることで、今後発生するリファクタリングの工数を大幅に減らせる」「プロジェクト全体の開発効率が格段に上がる」といったメリットを根気よく説明し、共通機能を先行開発することの合意を得た。実際に最低限の共通化が進んだ後は、各チームがその共通機能を使うことで効率的に開発できるようになった。

こうした経験から、複数のアジャイルチームが参画するような大規模なアジャイル開発において、共通機能・共通部品を見極める方法として次のような手順を勧めたい。まず各チームのＰＰＯと開発リーダーが参画する会議体を設け、情報連携の場とする。

次に会議体の重要テーマの１つに「共通化」を明確に設定する。各チームは、他のチームも活用できそうな機能や部品を開発した場合、会議体で利用シーンや仕様を紹介する。紹介された機能を他チームが使いたい場合、開発元のチームに共通化を依頼する。会議体はイテレーションのタスク状況や共通化の希望納期、利用シーンの類似性や当該機能をそのまま再利用できそうかを検討する。共通化すると決めたら開発元チームのＰＢＩ（プロダクト・バックログ・アイテム）に共通化のタスクを加える。

複数チームで構成されたプロジェクトでは、共通機能・共通部品を専任で開発するチームを設ける方法もあるが、ときには弊害も招く。「共通機能・共通部品」というある種曖昧なものを開発するためか、共通チームにタスクを任せたいという思惑が各チームで働き、真に共通機能・共通部品なのかを突き詰めないまま、「もしかしたら他のチームでも使うかもしれない機能や部品」の開発を共通チームに任せてしまうようなケースが出てくるからだ。

こうなると共通チームにタスクが集中し、共通チームがボトルネックとなって全体の進捗にマイナスの影響が出る。これでは本末転倒だ。共通機能・共通部品の開発も各チームに割り当てることをお勧めしたい。先ほどの事例のプロジェクトでは、他チームがつくった共通機能・共通部品を、別のチームが改修することも珍しくなかった。特に申請・承認のワークフローは、複数のチームが機能を拡張し、皆で育てた結果、様々なパターンのワークフローを実装できた。

共通化に当たっては、共通化そのものを目的とするのではなく、プロジェクト全体の効率化を目的に取り組み、プロジェクトの進捗とともに共通機能・共通部品そのものにも皆で手を加えていくことが真の効率化につながるというわけだ。

一点、ここで注意すべきは余計なバグの埋め込み（デグレード）である。共通機能・共通部品に手を加えることは、これまで動いていた既存機能・既存部品にバグを生じさせかねないリスクを伴う。実践編の第4章で解説した通り、しっかりとテストを自動化する環境をつくって、改修部分以外に想定外の悪影響が発生しないことを確認する「リグレッションテスト」を絶えず実行し、デグレードのリスクを軽減するようにしたい。

違い３　「リファクタリング」でプログラムを整え続ける

３つ目の違いは「リファクタリング」についてである。前述した通り、リファクタリングとは機能仕様は変えずに保守性や拡張性を向上することを目的として、複雑化したプログラムの内部構造を整理する作業である。

アジャイル開発にはリファクタリングが欠かせない。イテレーションを回し、要件定義・設計・開発・テストをたびたび繰り返すので、プログラムの内部

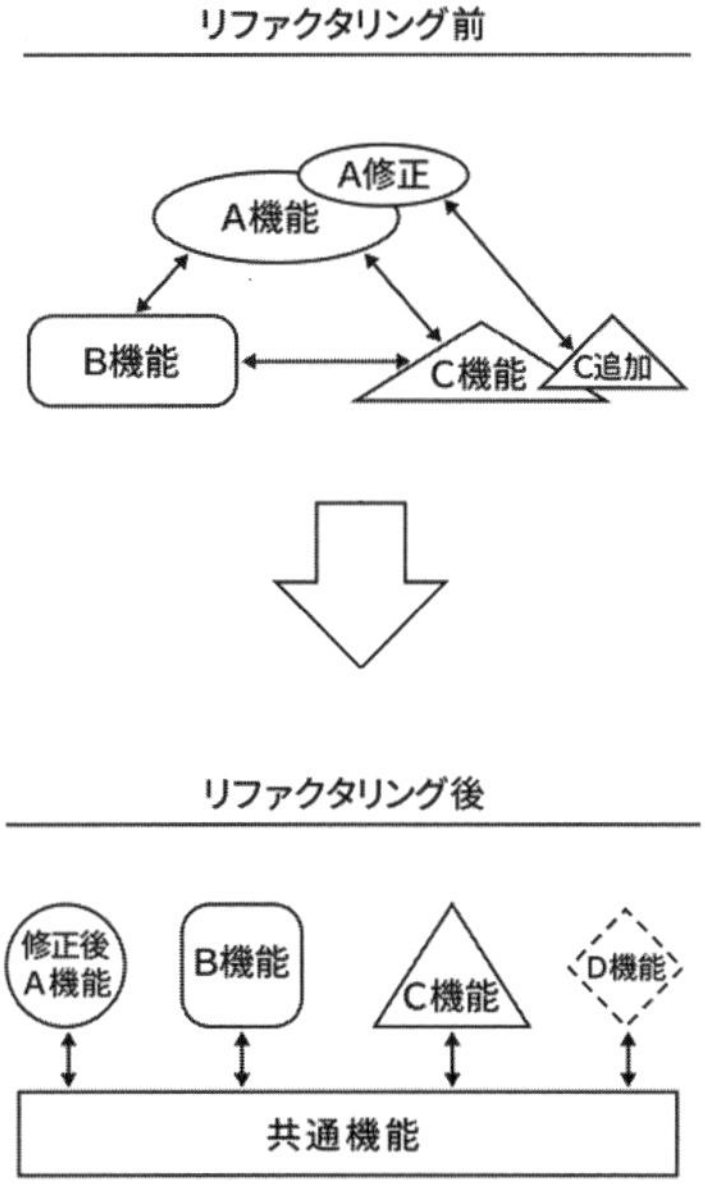

図　リファクタリングのイメージ
外部から見た機能はそのままにプログラムの内部構造を整理する
（出所：シグマクシス）

構造が複雑になりやすいためだ。一方、ウオーターフォール型開発は、要件定義工程と設計工程をしっかり実施したうえでプログラミング工程に臨むのに加え、多くの開発現場ではコーディング規約が整備されているため、プログラムの内部構造はきれいに構造化されているケースが多い。

リファクタリングは「将来への投資」といえる。次の2つのメリットがあるからだ。

1つ目のメリットは、将来の追加改修時における調査・検証工数を削減できる点だ。構造化がうまくいっていないプログラムに新機能を追加する場合、現状のつくりを把握するまでに相当な時間がかかる。

さらに他に悪影響を及ぼさないように設計するのにも時間を要する。リファクタリングによって構造化されたプログラムにつくり直すことで、次の修正時や、そのプログラムを利用して新機能を作成する場合の調査・検証工数を削減できるだけなく、デグレードが生じるリスクも減らせる。

2つ目のメリットは、ソースコードの可読性を高め、誰でも追加・修正や保守が容易になる点だ。「動くものを素早くつくる」アジャイル開発においては、たとえ自分がコーディングしたプログラムであっても、読み返してみると分かりにくい場合が多い。

ましてや他人がコーディングしたプログラムであればなおさらだ。リファクタリングにより開発メンバー全員が読みやすいプログラムにつくり直すことは、他の人が追加・修正を担当した場合の苦労を減らすだけでなく、保守フェーズへの引き継ぎにかかる時間も短くできる。

リファクタリングの失敗事例

メリットの多いリファクタリングだが、ユーザー部門代表者やユーザー部門担当役員・部門長が次のように主張し、実施を渋るケースも少なくない。「新しい機能の開発を差し置いてでも、お金と時間をかけて今ちゃんと動いているプログラムをリファクタリングする意味が分からない」「外部から見た機能を変えないと言うが、ソースコードの中身は変わる。リファクタリングにより使えなくなる機能が出てくるのではないか」――。

リファクタリングはユーザーの事前合意なく実施できるタスクではない。あるプロジェクトでは初回リリースの直前にユーザーとの事前合意なくリファクタリングを実施し、その結果、多くの障害が発生し、リリースを後ろ倒しせざるを得なくなった。

そもそもこのプロジェクトは初期段階でリファクタリングを計画していなかった。だが初回リリースまで残り１カ月というところで開発リーダーがプログラムをレビューすると、プログラムの内部構造がかなり複雑になっていた。そこで開発リーダーはステークホルダーに報告せずに独断でリファクタリングの実施を決めた。当初から予定していた新機能開発のＰＢＩを実施しながらのリファクタリングであった。

主なリファクタリング対象は、データベースの主要テーブルにおける構造の見直しと、それに伴うデータ保存やデータ取得に関するプログラムの変更だった。「テーブルをつくり直すだけだからリグレッションテストは不要で、１イテレーション（２週間）内に問題なく終わる」。

開発リーダーはそう思っていた。だがイテレーションの後半、当初想定よりもリファクタリングの対象範囲が広いとが分かった。結果、リファクタリングが終わらないため、もともと使えていた機能が使えなくなった。

しかもPBIを担当していた開発メンバーを途中からリファクタリングに充てたため、PBI自体も終わらないという負の連鎖に陥った。開発リーダーはこの状況になって初めてステークホルダーに状況を報告し、当然だがその行動をかなり注意された。

リファクタリングのうまみを享受するための4つの要諦

開発リーダーはどうすべきだったのか。リファクタリングを実施する際の要諦は4点ある。

1点目は、「必要性の事前合意と計画への織り込み」である。まずは初期計画段階でステークホルダーを含めたプロジェクト関係者内で、リファクタリングの必要性について十分に合意し、計画に織り込むことが肝心だ。

POは開発経験がない非エンジニアであるケースが多いが、プログラムは開発が進むにつれて複雑になるものだと認識してもらい、開発チームのメンバーに適切にリファクタリングのタスクを計画・実施させていくようにしたい。

2点目は「データベースのテーブル修正を伴うリファクタリングは移行ツールをつくるイテレーションの2つ前までに済ませておく」である。データ移行後にテーブル修正を伴うリファクタリングを実施すると、移行ツールやデータクレンジングをやり直さなくてはならないからだ。

ただ移行ツールをつくるイテレーションの直前のイテレーションでリファクタリングを実施すると、バッファがなく、間に合わない恐れがある。２スプリント前までに済ませたい。

３点目は「リファクタリングはこまめに実施する」ことである。前述の事例が失敗した原因の１つに、４カ月かけて開発したプログラムや各種テーブルに対するリファクタリングを１イテレーションで一気に、しかもＰＢＩをこなしながら実施しようとしたことが挙げられる。リファクタリングは後でまとめてやるものだという決まりはない。むしろ「常にリファクタリングを実施する」という気持ちで臨むべきである。

とはいえ、「常に実施する」のは難しく、最初から計画されていないと後回しにしてしまうものだ。初期計画段階でスケジュールに組み込む際、頻度としてはおよそ2カ月分（４イテレーション分）を１イテレーションかけてリファクタリングするとよいだろう。

最後となる４点目の要諦は、「共通化は最低限に抑える」というものだ。リファクタリングするなかで、「類似する機能やプログラムを一本化するなど、可能な限り共通化を進めたほうがよいのではないか」と思うこともあるだろう。

だが無理に共通化する必要はない。前述の通り、リファクタリングのメリットの１つは可読性を高めることにある。類似する機能やプログラムがあったとしても、もともと可読性が高い状態であれば、わざわざ共通化する必要はないといえる。

リファクタリングは将来の投資につながる、非常に重要度の高いタスクだ。しかし事例で紹介したように、やり方を間違えると大きな事故につながる。十分に計画を立て、ステークホルダーと合意し、そのうまみを享受したい。

違い 4

バックログをツールで管理

アジャイル開発プロジェクトとウオーターフォール型開発プロジェクトの4つ目の違いは「タスク」に関するものである。アジャイル開発プロジェクトでは、PBIやSBI（スプリント・バックログ・アイテム）といったバックログ（未着手の作業）を包括的に管理するため、プロジェクト管理ツールを使うケースが多い。

こうしたツールは様々な機能を搭載しており、例えばタスクの消化具合を「カンバンボード」や「バーン・ダウン・チャート」といった、アジャイル開発特有の「見える化」ツールで表示する機能もある。なおカンバンボードとは、開発チームの作業状況を可視化し、仕掛かり中のSBIの数を制御することで開発チームの作業効率を上げることを目指したツールである。バーン・ダウン・チャートはそのイテレーションで予定しているSBIの完了状況を可視化し、イテレーション完了時の状況を予測するツールである。

一方、ウオーターフォール型開発でもタスクの概念はあるが、アジャイル開発のほうがタスクの入れ替えが頻繁なこともあり管理ツールの活用度合いは高い。なかには「バックログの管理＝管理ツールの導入」と安直に考えているプロジェクト関係者もいるが、そうではない。

管理ツールはあくまでも入れ物にすぎない。ＰＯやＰＰＯ、開発チームにとって肝心なのは、そこに入れるチケット（バックログの管理単位）を適切につくり、陳腐化しないように適切に更新していくことである。

チケットの「作成」と「更新」についての要点は２つある。１つ目がチケットを作成する粒度、そして２つ目はその記載内容である。前提として、ここでのチケットはＳＢＩを指している。ガチガチのチケット作成ルールで縛るとチームのパフォーマンスが下がりかねないが、効率的に進める目安として参考にしてほしい。

まず、記載粒度、つまりチケットの大きさは「１人が半日（３時間）程度でできるタスク」をお勧めしたい。この粒度だと経験上、開発チームがチケットのステータスを更新する負荷が低く、作業の進捗を可視化しやすく、タスクを阻む課題をあぶり出しやすい。

作業時間が１日を超えるチケットの場合、朝会などの「デイリースクラム」で開発メンバーが「仕掛かり中」と報告すると、何がタスクの進捗を阻んでいるのかを開発リーダーや他のメンバーが気づきにくい。タスクの完了予定日に初めて「全く進んでなかった」と報告されても手の打ちようがなく、取り返しがつかない事態を招くこともある。

イテレーションでどんなタスクをこなすかを計画するスプリントプランニングにおいて、その計画の実現性を高めるには、チケットの粒度は細かければ細かいほどよい。アジャイル開発において百戦錬磨のメンバーが集ったチームであれば、細分化されたチケットを手が空いた開発メンバーが自発的にどんどん消化していくため、チケットの消化状況から計画の進捗状況を鮮明に可視化できる。ただこれは理想像あり、最終的に目指したい水準ではあるものの、一足飛びに到達できるものではない。

チケットに何を書くか、誰が更新するか

次に、チケットに何を書くかという記載内容を説明しよう。当然ながら「何をするか」というタスクの内容は具体的に書く必要がある。

工夫が要るのは日付と担当者についてだ。実践編の第2章でスプリントプランニングについて解説した通り、向こう1週間分のSBIを開発メンバーそれぞれにあらかじめ割り当てるとプロジェクトが円滑に進む。従って、直近の1週間に実施すべきチケットには全て「担当者」と「完了予定日」を入れてしまう。

担当者については、ペアプログラミングや相談しながら進める協働作業を採り入れていない限り、複数人を記載することは避ける。責任の所在が曖昧になるだけでなく、複数人で担当しているということはそのタスクが複数の「子タスク」で構成されている「親タスク」である可能性が高いからだ。

親タスクしか可視化できていない場合、子タスク同士の依存関係が可視化されず、非効率な作業計画を見逃しかねない。1枚のチケットを複数の担当者が担当する場面では、さらに分解できないかを精査することが重要である。

一方の完了予定日は、「週末」や「〇月中旬」といった曖昧な表記ではなく、年月日を明確に記載する。直近１週間で実施しなくてもよいチケットについては、完了予定日にタスク割り当ての日付を入れておくとともに、担当者に開発リーダーの名前を入れておく。これによりタスク割り当てそのものの実施漏れを防げる。

こうして割り当てたチケットを「誰が」適切に更新していけばいいのか。教科書的には開発メンバーそれぞれが自主的に更新していくのだが、推奨したいのは開発リーダーが担当するやり方である。開発リーダーがチケットの管理者として、各メンバーのチケットの更新状況をチェックし、常にチケットを最新の状態に保つわけだ。

チケットを最新の状態に保つために過度な工数をかける必要はない。開発リーダーがチケットの「着手」や「完了・完了日」、担当者の変更をデイリースクラムや開発メンバーとの直接対話などで確認し、更新するだけでよい。

イテレーションが進むなかで、チケットの内容を見直したり、チケットを分離・統合したりするケースも出てくるだろう。チケットに開発メンバーの作業を合わせるのではなく、開発メンバーの作業に沿った形にチケットを合わせていく心構えと実践が必要である。

開発リーダーは既存チケットの更新だけでなく、新たに発生するタスクにも目を配ってチケットを発行する。たとえその時点で曖昧な内容だったとしても、新たに発生した要件やタスクは、適宜ＰＢＩやＳＢＩとしてチケットに登録しておく。

そのうえで、優先順位をＰＯやＰＰＯに相談しながら、その要件を明確にするタスクをＰＯ

やPPOに割り当てる。チケットに登録し忘れたために、チームがチケットに可視化されていないタスクに忙殺され、プロジェクトが遅延していくことは何としても防ぎたい。

最後にプロジェクト管理ツールをステークホルダーへの報告に活用するやり方を説明しよう。まず管理ツールのダッシュボードやチケットのリストをステークホルダーに直接見てもらうことはメリットが大きい。報告資料をつくる工数を減らしたり、より鮮度が高い情報を提供したりできるためだ。

一方で、実践編第2章で説明した通り、ウオーターフォール型開発プロジェクトでよく使われるマスタースケジュールでの報告に慣れたステークホルダーへの配慮も必要だ。そうしたステークホルダーは、ダッシュボード上のカンバンボードやバーン・ダウン・チャート、たくさん並んだチケットの一覧を見てもプロジェクトの進捗をどう読み取ればいいのか分からないからだ。

配慮の一例を紹介しよう。ある製造業のプロジェクトでは、スプリントレビューの報告資料として、開始から3カ月程度はステークホルダーが慣れ親しんだマスタースケジュールをベースにした報告資料を提出していた。

この期間、さらにダッシュボードのスクリーンショットを併用して説明することで、マスタースケジュールとダッシュボードとの関連を理解してもらうように努めた。4カ月目は、報告資料をダッシュボードのスクリーンショットに重要事項をコメントとして追記する形に変え、最終的にはダッシュボードのみで報告するように変えていった。

段階的な工夫を施すことでＰＯや開発リーダーが報告資料をつくる手間を減らしつつ、ステークホルダーには「必要なタイミングでリアルタイムに情報を把握する」スキルを身に付けてもらったわけだ。これによりプロジェクト後半の生産性は格段に高まった。

違い５　チームの「成長」を考える

違いの５つ目は「チームの成長」への姿勢である。「開発のことは開発ベンダーに任せる」というウオーターフォール型開発とは違い、アジャイル開発では開発ベンダーを含む開発チーム全体の「成長」を発注側であるＰＯやＰＰＯが意識する必要がある。これは取りも直さず、柔軟に変化を取り込んでいくアジャイル開発ではウオーターフォール型開発以上に「チームの総力」が成果に直結するからである。

成長に直結するのが日々のタスクだ。そういった意味でＳＢＩを誰にどう割り振るかは、開発リーダーだけでなくＰＯやＰＰＯにとっても大きな問題である。その割り当て１つが、短期的に足元のプロジェクトを効率的に推進させるだけでなく、チームの成長という中長期的な目標にも影響するからだ。

タスクの割り当てに関しては、基礎編でも述べた通り、期間が３カ月程度のプロジェクトであれば、短期的な成果を重視して、開発メンバーが得意とする領域を中心にタスクを割り振りたい。6カ月を超えるような中長期的なプロジェクトであれば、メンバーの得意領域以外にもタスクを割り振って能力を鍛えると、チームとしての成長が高い確率で望める。チームの成長に向けては、プロジェクト初期の段階であえて未経験であったり不得意であったりする領域のタスクにチャレンジさせる方法もある。

いずれにしろ、不得意分野にも挑ませることで得意領域を複数個持つ「多能工」を目指してもらうのか、得意領域に専念してもらって強みをさらに磨き上げるのかという判断を下すのは、早ければ早いほうがよい。プロジェクトが終盤に差し掛かってくると新しい領域にチャレンジしてもらうだけの時間的・リソース的な余裕がなくなる場合も多く、早めに多能工として成長してもらうとそれだけチームとしてのメリットを享受する期間が長くなるためだ。

多能工として育てるか強みを磨いてもらうかを判断する材料の1つになるのが、開発ベンダーの人

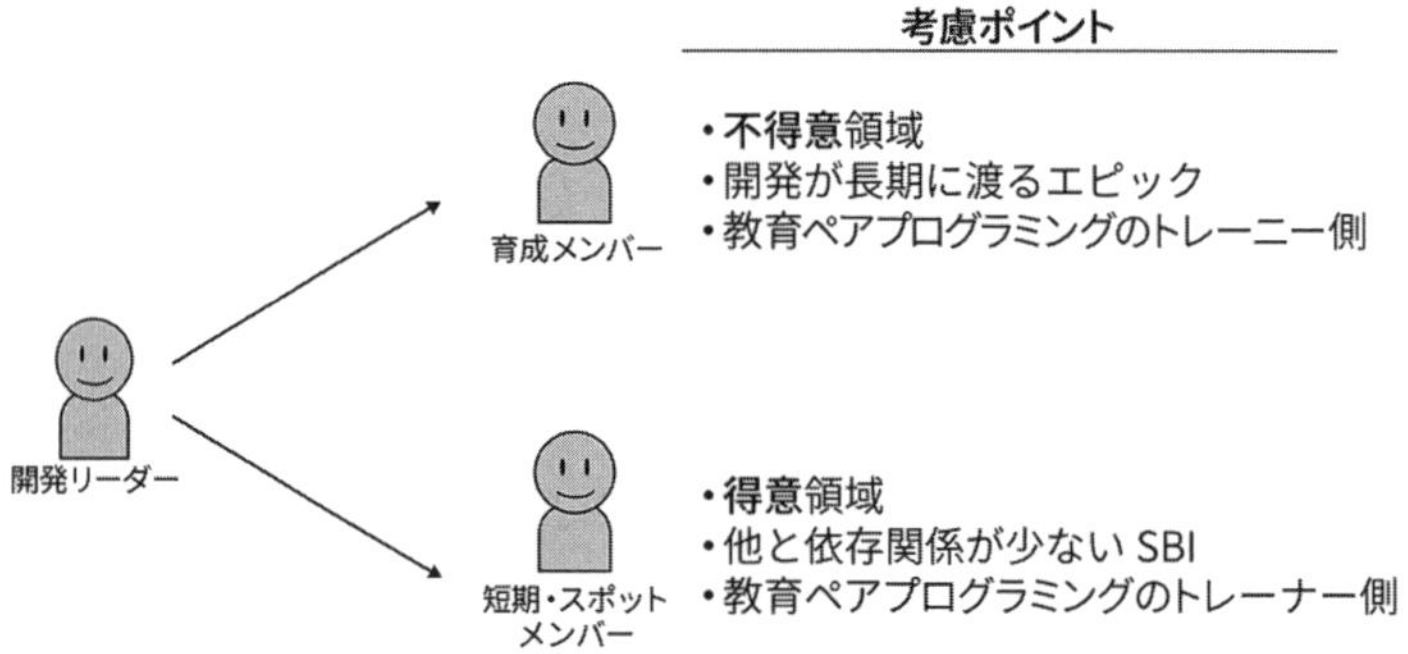

図　タスクアサイン時の考慮ポイント

育てるメンバーかスポットメンバーかで割り振るタスクを変える（出所：シグマクシス）

員計画である。１年未満のプロジェクトであれば、開発ベンダーはプロジェクト途中での人員交代を考えていないケースが多い。

ただ１年を超えるプロジェクトは開発メンバーの途中交代を覚悟しておいたほうがよい。特に多能工として育てている場合は人員交代の情報を早めに把握し、育成中の開発メンバーを残留させるように開発ベンダーの営業担当者などに働きかけておくべきである。メンバーを育てるのはあくまでプロジェクトのためである。

違い6　「計画の順守」より「価値の実現」を優先する

イテレーションの終わりが近づいてくると、ＰＯやＰＰＯはスプリントレビューに向けた準備を始める。ここで、全てのＰＢＩが完了しない見込みだと分かった場合、予定していたタスクを組み替え、スプリントレビューを乗り切るために計画を立て直すことがある。

教科書的には、スプリントレビューではＰＢＩを「完了」か「未完了」かで報告し、未完了のＰＢＩがあれば次回以降のイテレーションの計画変更をステークホルダーに説明し、合意するのが正しいとされている。注意したいのは、ＰＢＩの報告が、「完了」「未完了」の２択だということだ。

曖昧な進捗率での報告よりも明快である一方、該当ＰＢＩのタスクが８割以上終わっていたとしても「未完了」として報告することになり、レビュー対象からは外れてしまう。
仮に、1つのイテレーションで複数のPBIを実施していた場合、全てのPBIにおいて8割以上のタスクが完了していたとしても、10割完了していなければ、全てのPBIは「未完了」となる。

しかし実際のプロジェクトでは「全てのPBIが未完了」という状況では、せっかくのスプリントレビューでステークホルダーやユーザー部門代表者に動くソフトウエアをレビューしてもらう機会を失い、早期に間違いに気づく機会を逃すリスクもある。

さらに、次回スプリントレビューの確認内容を増やしてしまい、1つひとつのPBIのレビューに十分な時間を費やせない可能性も出てくる。本来は予定タスクの

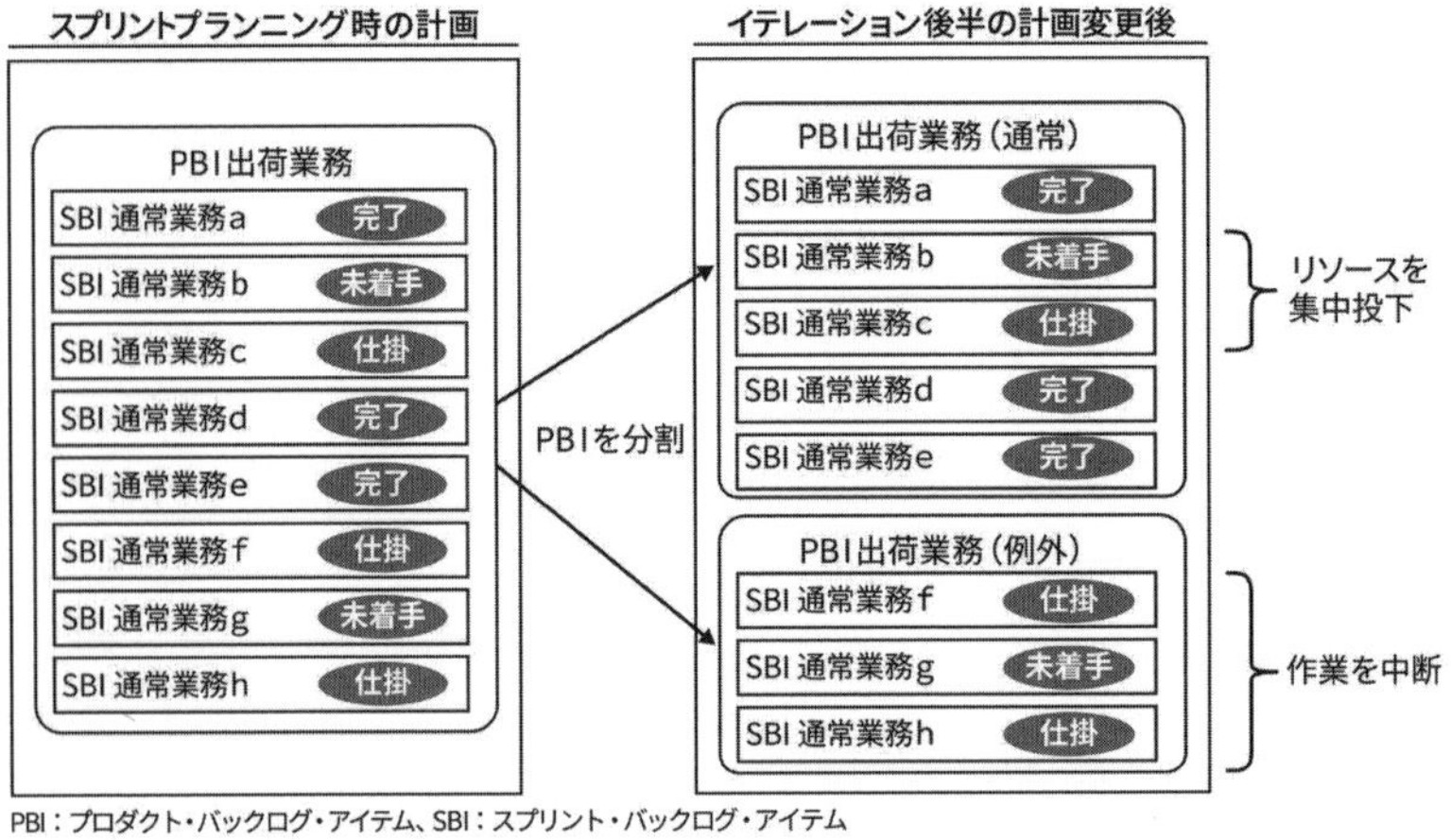

図　PBIに関する計画変更

イテレーション後半は「完了」のPBIをなるべく増やす（出所：シグマクシス）

約8割が完了しているにもかかわらず、「全く進んでいないじゃないか」とステークホルダーに誤解され、不信感を抱かれるリスクも高い。

そこで推奨したいのが、未完了のPBIを分割・再整理することで、レビューに資する「完了したPBI」をつくる方法である。例えば「通常業務と例外業務」や「基本的な検索条件と詳細な検索条件」などで分割するのだ。イテレーションの後半に、PBIが完了しない見込みであると分かったらすぐにPBIを分割し、よりユーザー価値が高く、完了が見込めるほうのPBIにひもづくSBIにリソースを集中投下すべきである。

スプリントレビューのために計画を変更することは、本末転倒ではないかとの指摘もあるだろう。だが、少しでも早く「実際に動くソフトウエア」でレビューしてもらい、フィードバックを取り込み、プロジェクトを前に進めることは、アジャイル開発の理念である価値創出そのものだと考える。

事例紹介：優先順位を変更しステークホルダーの不安を払拭

「未完了ばかりの報告」で失ったステークホルダーの信頼はなかなか取り戻せない。その点からも、イテレーション中の計画変更は重要である。ここで実例を紹介したい。

ある遅延プロジェクトでのことである。当時、プロジェクト全体に遅延が生じ、イテレーションで計画していたPBIの多くが未着手のまま次のイテレーションに持ち越されることが続いていた。

持ち越され続けたＰＢＩの中には、あるステークホルダーが気に掛けていた機能が含まれていた。だが、該当ＰＢＩにひもづくＳＢＩの総工数が大きく、優先度も相対的に低かったため、チームはそのＰＢＩには全く着手しないままイテレーションの後半を迎えた。

このままではまた未完のままスプリントレビューを迎えてしまう。そう考えたＰＰＯは、そのＰＢＩをステークホルダーが気に掛けている機能とそれ以外の機能とに分割・再整理し、ステークホルダーが気に掛けているほうのＰＢＩを優先して着手した。結果、ステークホルダーに完成した機能をレビューしてもらうことができ、不安を払拭するとともに、チームの信頼が損なわれることもなかった。

その時、そのステークホルダーが発した次の言葉が今も心に残っている。「開発がこれ以上遅延する場合は、詳細なＷＢＳ（ワーク・ブレークダウン・ストラクチャー）をつくってもらい、日次で状況を報告してもらおうと考えていた」――。

説明するまでもないが、ＷＢＳはウオーターフォール型開発プロジェクトでよく使われる、スケジュール管理／タスク管理の手法である。仮にＰＢＩを未着手で持ち越していたらどうだったであろうか。

ＷＢＳや日次報告はそれまでのやり方を変える必要があり、さらに遅延が膨らむ恐れがある。恐らくステークホルダーの提案を拒否していただろう。そのうえでステークホルダーを説得し、妥協点を見いだし、再発防止策を講じるトータルコストを考えると、ＰＢＩを分割して短期的に計画を変更するコストのほうが相当に低かったはずだ。

遅延が分かったときや遅れそうだと気づいたときは、スプリントレビューを待たず、すぐにキーとなるステークホルダーに遅延を報告し、別の方法によるリカバリーを相談することをお勧めしたい。悪い状況をすぐに自発的に報告することで、「報告が遅い」「聞かないと答えてくれない」という印象を回避し、これまで築いてきた信頼関係を守れるからだ。

第3部

応用編

企業の価値創造に必要となるあと2つの「X」

現在多くの企業がDX（デジタルトランスフォーメーション）に取り組んでいる。

DXプロジェクトの多くは、綿密に計画を立案して計画通りに物事を進めるという従来のウオーターフォール型ではなく、導入を検討している技術を使って「やりたいこと」を本当に実現できるのかを検証するPoC（概念実証）や、必要最低限のデジタルサービスからスタートし、顧客の声や計測したデータを反映して改良を重ねる「リーンスタートアップ」などの新しい考え方や手法を用いるケースが多い。

そして、これらの新しい考え方や手法にはシステム開発の「スピード」と「柔軟性」が求められ、アジャイル開発との親和性が高いといえる。こうした理由から、DXブームに引っ張られてアジャイル開発への注目も高まっているが、アジャイル開発を採用したDXプロジェクトの成功率を高めるためにも、改めてDXとアジャイル開発について整理しておきたい。

企業の価値創造にはSXとMXも必要

DXの肝はX（トランスフォーメーション）、つまり「変革」にある。これは、これまでの手作業をデジタル化することではなく、デジタル化をきっかけに企業を変革させることを指している。

我々が所属するコンサルティング会社のシグマクシスは、企業が取り組むべき主要なトランスフォーメーションは3つあると考えている。3つとは、「DX」「SX（サービストランスフォーメーション）」「MX（マネジメントトランスフォーメーション）」である。

それぞれを簡単に解説しよう。まずDXとは、デジタルの力を活用し、コアビジネスのビジネスモデルの変革を通じて生産性革命を起こし、大幅な業績向上を実現する取り組みである。

2つ目のSXとは、新しい成長エンジンとなる全く新しいサービスの創造だ。既存のコアビジネスのDXを通じて業績を向上し、そこから生まれた原資で未来の成長市場に向けて新しいビジネスを創り出す。新たな事業機会の発見（知の探索）と既存事業の深掘り（知の深化）の両方をバランスよく行う、いわゆる「両利きの経営」とは、このDXとSXの両立をバランスしながら行っている経営といえる。

最後のMXとは、DXとSXの推進を支える経営プラット

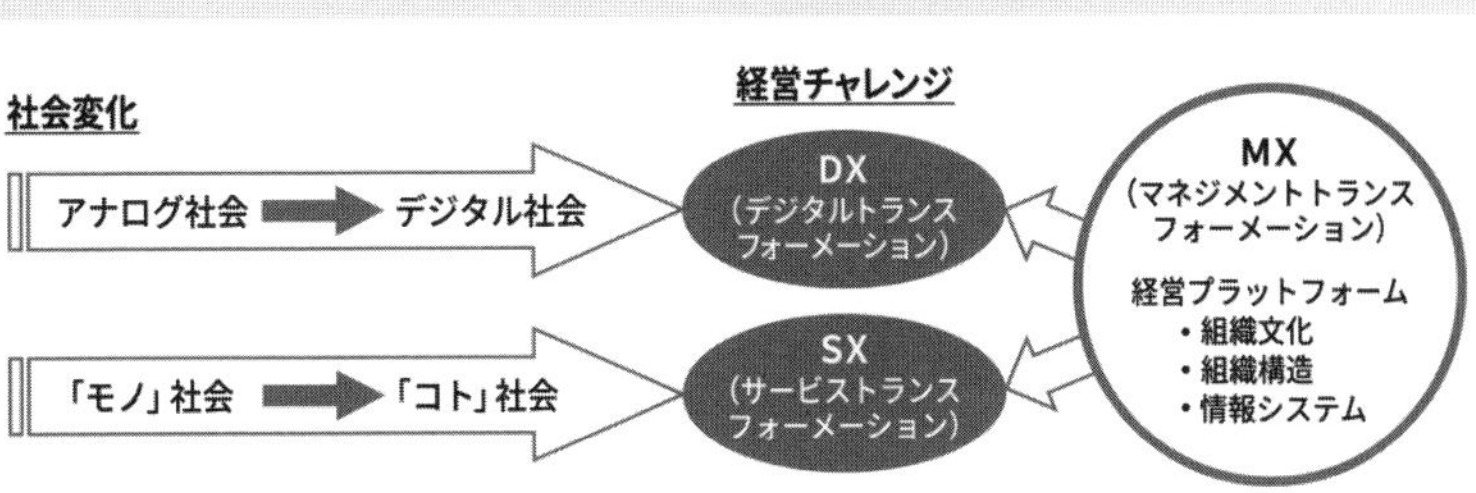

図　企業が取り組むべき「3つの変革」
DXは企業変革（出所：シグマクシス）

フォームの変革だ。持続的にイノベーションを創発するため、「組織文化」や「組織構造」、そして「情報システム」を変革できるだけの基盤づくりにも取り組む必要がある。企業価値を向上するには、既存事業の単なるデジタル化や、闇雲にデジタル活用を試みたサービス開発では不十分なのだ。

変革を阻む「古い情報システム」

3つの変革のうち、特に日本企業にとって難しいのがMXである。前述の通り、MXは組織文化、組織構造という人間系の変革と、情報システムの変革の2つに大別できる。特に情報システムの変革は、それ自身をもう1つの「X」として分類してもよいほど大きなテーマでもある。

情報システムの開発・運用に直接携わっていない人は「情報システムとデジタル技術は親和性が高く、情報システムを最新デジタル技術に対応する形で刷新するのは簡単なことだ」と思うかもしれない。しかし、長年プログラム改修が積み重ねられて複雑に入り組んだ巨大なアプリケーションや改訂されないまま放置された設計書などが立ちはだかり、「レガシー」と呼ばれる古い情報システムの刷新は容易ではない。

2018年に経済産業省が公表し話題となった『DXレポート』でも日本情報システム・ユーザー協会（JUAS）の意識調査を参照しながら「レガシーシステムがデジタル化進展の足かせである」旨を明言している。

情報システムの変革を難しくさせる壁はまだある。情報システムの開発規定、保守的なユーザー部門、外注メインでノウハウのたまらない開発・保守運用体制などがハードルを一段と高めている。

残る人間系、組織文化の変革と組織構造の変革についてはどうだろうか。米経営学者のジョン・P・コッター氏は約20年前に著書『企業変革力』（梅津祐良訳、日経BP）において、変革を成功させるには強いリーダーシップが必要であると説いている。

しかし、いまだ多くの日本企業において、強力なリーダーシップで企業変革が推進されているとは言いがたい。組織文化の変革と組織構造の変革は遅々として進んでいないのが実情だろう。

アジャイル開発で現場から企業変革を

変革は無理ではないか――。そう思うのは早計だ。アジャイル開発が変革を進める鍵となるからだ。

アジャイル開発はシステム開発の手法ではあるが、実はその手法や考え方を企業に文化として根付かせることで、企業の変革を推し進める強力なツールになり得る。仮に強力なリー

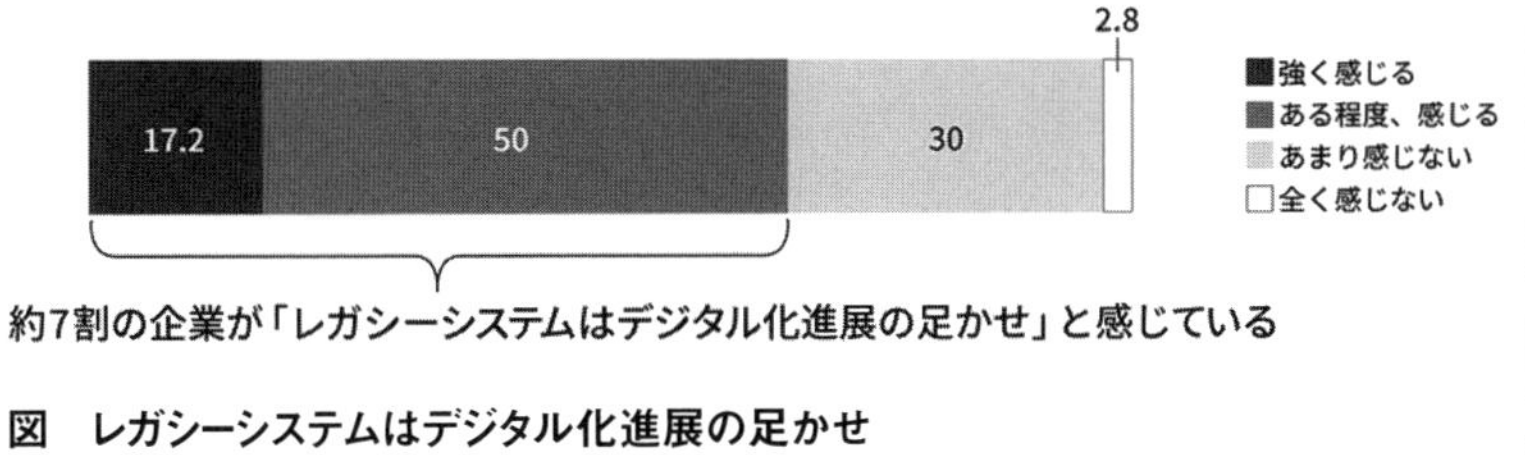

図　レガシーシステムはデジタル化進展の足かせ
情報システムの変革はまだまだこれから
（単位は%、出所：日本情報システム・ユーザー協会「デジタル化の進展に対する意識調査2017」を基にシグマクシス作成）

ダーシップの後押しが得られなかった場合でも、アジャイル開発を通じて、企業変革のきっかけをつくったり、自分たちの周りからボトムアップ的に変革を推進したりもできる。

ここで、『企業変革力』から企業変革における8段階の変革プロセスを抜き出し、アジャイルチームがやっていることと突き合わせてみたい。

コッターの8段階の変革プロセスは「1 危機感（緊迫感）を高める」から始まる。これは、マネジメント層の抱く危機感を高め、変革の必要性を理解してもらう活動であり、現場発というわけにはいかない。

次の「2 変革推進のための連帯チームを築く」はアジャイルチームの立ち上げに置き換えられる。社内メン

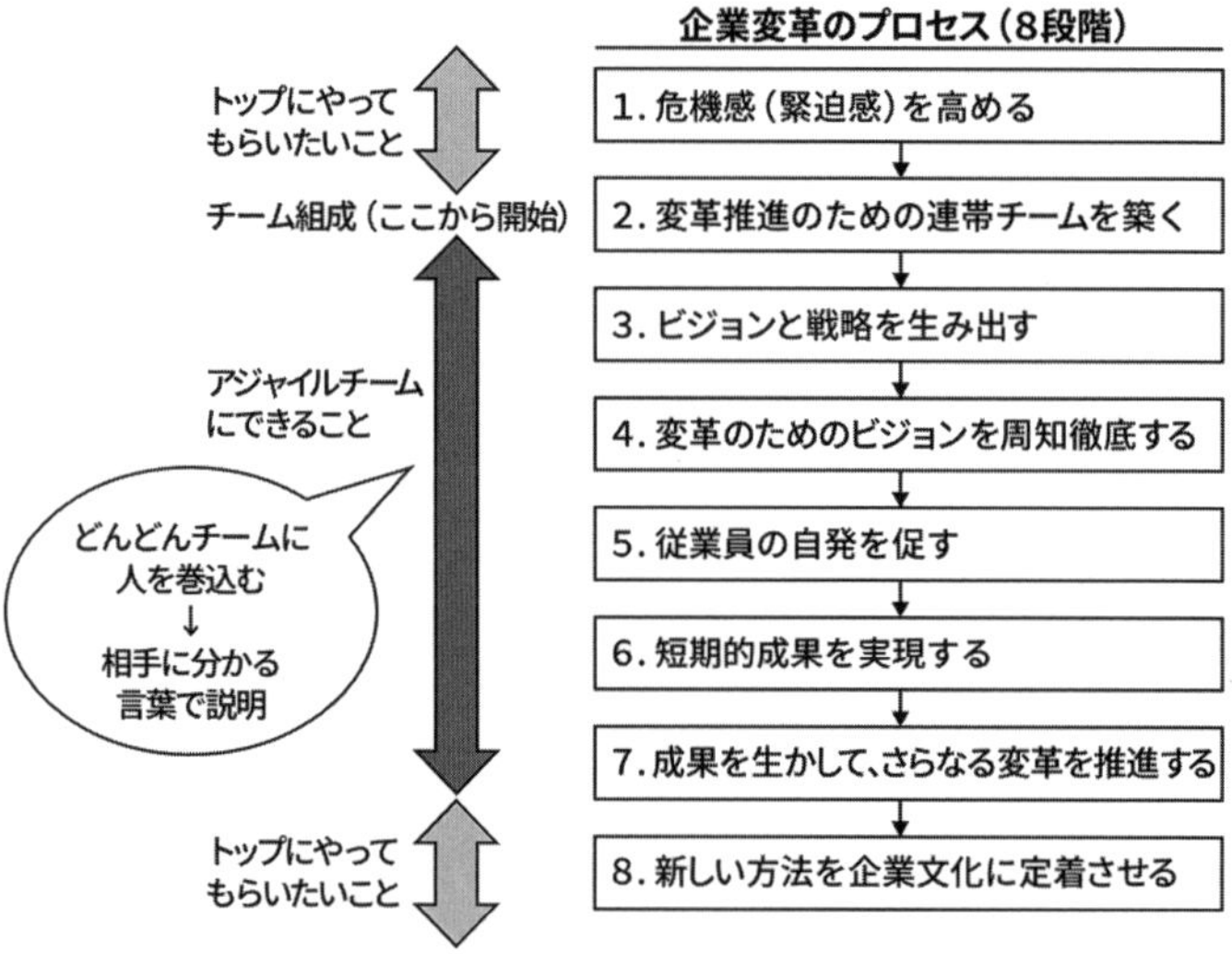

図　企業変革における8段階のプロセスとアジャイルチームがやっていること
現場発でもできることはある
（出所：ジョン・P・コッター著『企業変革力』（日経BP、2002年）を基にシグマクシス作成）

バーだけでなく、外部の開発ベンダーを加えた体制である。このチームがこれから現場発の取り組みをマネジメント層に波及させていくのだ。

「3 ビジョンと戦略を生み出す」はインセプションデッキの前半、「全体像を捉える設問・課題」を指す。目的の合意形成から顧客価値の抽出、スコープや関係者の特定など、本書では、社内メンバーだけでの実施を推奨していたパートである。

ビジョンや戦略というと難しいイメージがあるかもしれない。だが、生み出す価値を明確にするとともにアジャイルチームを今後どのように成長させていきたいかを中心となるメンバーでしっかり議論してもらいたい。

「4 変革のためのビジョンを周知徹底する」はインセプションデッキの後半、「具現化させる設問・課題」だ。システムのグランドデザインを考え、リスクの洗い出し、プロジェクトの概算期間やトレードオフの優先順位、体制について検討する。外注ベンダーを加えたチーム全体で、これからチームとして生み出す価値や取り組む課題について、メンバーたちの納得が得られるまで根気強く話し合う必要がある。

ここから、イテレーション開発が始まる。「5 従業員の自発を促す」については、アジャイル開発になじみがないチームで取り組む場合、最初から自発性を期待してはいけない。まずメンバーの得意なタスクを割り振ることが先決だ。これがチームの自主性を促し生産性を落とさないコツである。

「6 短期的成果を実現する」はイテレーション開発そのものである。スプリントレビューで短期的に繰り返しユーザーからの声をダイレクトに受け取ることを心掛けたい。

「7 成果を生かして、さらなる変革を推進する」ために、イテレーション終了時に実施するレトロスペクティブ（振り返り）でチームの推進力を高める。しかし、残念ながら現場発のアジャイルでできるのはここまでとなる。

現場で広げられる範囲には限りがある。「8 新しい方法を企業文化に定着させる」にはマネジメント層の力がどうしても必要となる。

アジャイルを起点とした現場発の活動を

このように2から7の段階は、アジャイルチームがアジャイル開発で日常的に取り組んでいることそのものである。次は読者の方々がこの活動を部門単位まで広げてほしい。

部門の成果が全社的に認められると、全社的な変革の大きな足掛かりとなる。活動の成果が変革の必要性・危機感を醸成する一方、自社の中に変革への道しるべが既にあることをマネジメント層に強烈にアピールできる。

ただ単にトップダウンの変革を待つのではなく、アジャイルを起点とした現場発の活動を企業変革につなげてほしい。マネジメント層の方は、このトップダウンと現場発の両輪が回ってこそ、真の企業変革の実現が可能となると捉え、現場のチャレンジを促し、大いに支援いただきたい。

第1章 アジャイルとウオーターフォールの「ハイブリッド型開発」成功に必要な4つのコツ

本書の「基礎編」では、アジャイル開発の経験が少ない日本企業が組織や文化を大きく変革せずに、SoR（System of Record）領域の業務システムのアジャイル開発を成功させるために、理解しておきたい基礎的なポイントを解説した。続く「実践編」では、実際のアジャイル開発プロジェクトを運営する現場で必要となる項目に焦点を当てて、より詳細に掘り下げて解説してきた。

本章からは締めとなる「応用編」として、現場での最先端のアジャイル活用について事例を交えながら３つの章で説明していく。応用編第１章では、１つのプロジェクトの中でウオーターフォール型開発とアジャイル開発の２つを効果的に組み合わせる「ハイブリッド型」の開発プロジェクトについて紹介する。ポイントはスコープ（要件）の線引きと、ウオーターフォール型／アジャイルのそれぞれで進めてきた作業をいかにスムーズに合流させるかである。

ウオーターフォール型開発とアジャイル開発を組み合わせる

ハイブリッド型開発が適しているプロジェクトは、比較的要件の固まりやすい業務領域と、要件のまとまりにくい業務領域が混在するプロジェクトである。例えば会計領域の業務は企業の財務会計のルールが大きく変わらないため、「要件の固まりやすい業務領域」といえ、ウオーターフォール型開発で刷新するほうが効率的である。

一方、営業領域の業務は「要件のまとまりにくい業務領域」といえる。時代や環境の変化に対応すべく常に営業体系や運用ルールなどを変え続けなければいけないからだ。

現場ではシステム外で対応している仕事も少なくない。例えば制約条件が多いシフト作成や運行管理といった、専門的な知識や経験を必要とする特殊な業務領域で使う業務システムを刷新する際は、仕事の進め方やノウハウが一部の現場担当者の頭の中にしかないケースが多い。要件を正確にまとめようとしても膨大な時間がかかる。

既存システムの刷新でも、現場の業務内容とシステムの機能がかけ離れてしまっているようなケースは、ユーザーの要望が多くなりがちで「要件のまとまりにくい業務領域」といえる。

こうした場合はアジャイル開発の選択が適している。つくり込みと検証を繰り返すことで、要件や仕様の明文化に時間がかかる業務ルールやノウハウ、ユーザーの要望について、ウオーターフォール型開発よりも短期間に実装しやすいからだ。特殊な業務領域の開発スケジュールに、システム刷新全体のスケジュールが引っ張られることもなくなる。

ハイブリッド型開発で最初にやることは、ウオーターフォール型開発とアジャイル開発でそれぞれ進める対象を決めることだ。その際は、インプット（入力画面）系やバックエンド系といった機能で切り分けるのではなく、営業系や会計系といった業務領域で切り分けたほうがよい。

例えばインプット系をアジャイル開発、バックエンド系をウオーターフォール型開発と切り分けるとしよう。すると、インプット系の要件とバックエンド系の要件は強く結び付いているため、インプット系のアジャイル開発でその特性を生かして仕様変更を受け入れていると、バックエンド系のウオーターフォール型開発で仕様変更が多発してスケジュールが遅れる結果となってしまいかねない。

一方、業務領域で切り分けると、インプット系からバックエンド系まで一連の業務処理の流れに沿って整合性を取って開発を進められる。業務によって要件の固まりやすさも変わり、ウオーターフォール型かアジャイルかを選択しやすい。最近では会計など、あらゆる企業に共通する業務にはＳａａＳ（ソフトウエア・アズ・ア・サービス）やパッケージソフトを使い、各社固有の業務機能をアジャイルで追加開発するケースも多い。

基幹システムの構築や刷新にハイブリッド型開発で取り組む場合、ウオーターフォール型開発側（以下ＷＦ側）のシステムとアジャイル開発側（以下ＡＧ側）のシステムの合流地点は外部結合テストとなる。つまり互いのシステムを外部システムとして位置付けるのである。

重要なのは、プロジェクト初期にグランドデザイン（全体像）を描く段階から、ＷＦ側システムとＡＧ側システムを可能な限り疎結合にしておくことだ。密結合にすると、ＡＧ側でデータモデルに影響する仕様変更をした場合、ＷＦ側で大幅な手戻りが発生し、スケジュールの遅延やコストの増加につながる恐れがある。疎結合にしておくことで、ＡＧ側の仕様変更がＷＦ側に及ぼす影響を最小限に抑えられる。

合流点となる外部結合テスト以降は、ＡＧ側もウオーターフォール型開発のテスト工程に沿い、ＷＦ側と足並みをそろえてシステムテスト（総合テスト）、受け入れテストと進めていく。

アジャイル開発は通常、１機能ごとに要件定義から設計、プログラミング、テスト、リリースまでを繰り返していくが、ハイブリッド型開発の場合は、ＡＧ側を都度リリースをせずにＷＦ側の稼働タイミングに合わせてリリースするように変える。双方のシステムを合わせた全体として、「業務処理が成り立つか」や「整合性が取れているか」などを確認する必要があるからだ。

実際にハイブリッド型開発を成功に導くには４つのポイントがある。具体的に見ていこう。

ポイント1 WFとAGのワンチームをつくり上げる

最初のポイントはＷＦ側メンバーとＡＧ側メンバーの関係構築である。それぞれのシステムは疎結合とするが、メンバーはワンチームでなければシステム全体としての完成度や満足度は高まらない。

日本におけるアジャイル開発の浸透具合から考えると、特にＳｏＲ領域の業務システムの場合、ＷＦ側メンバーもＡＧ側メンバーもウオーターフォール型開発の知識と経験がある。一方、アジャイル開発の経験があるのはＡＧ側メンバーだけというケースが多いだろう。

基礎編第１章で見たように、アジャイル開発にはまだ「誤解」も多く、まずはＷＦ側メンバーにアジャイル開発研修を受けてもらうなど、アジャイル開発の考え方や実際のプロジェクトの進め方を理解してもらい、誤解をなくしていく必要がある。研修をしないと、ＷＦ側が「ＡＧ側には無制限にスコープを調整してもらえる」と思ってしまう可能性もある。

もちろんＷＦ側もＡＧ側も限られたリソースでプロジェクトを推進していることに変わりはない。研修により、ＡＧ側にスコープを変更してもらうにしても全体のリソースが変わらない前提での調整、いわゆる「抜き差し」が欠かせないとＷＦ側には理解してもらうべきである。

逆にＡＧ側メンバーも、ＷＦ側メンバーに対して安易にスコープを調整しようとすることは避けるべきである。ＷＦ側がそれまで進めてきた開発の整合性を再確認する必要が追加で生じるだけでなく、新たなスコープが入ることで品質を下げかねないからだ。

相対的な人数は多くないが、ウオーターフォール型開発のことをよく知らないＡＧ側メンバーもいる。そうしたメンバーの中には「ウオーターフォール型開発よりアジャイル開発のほうが優れている」「ウオーターフォール型開発は時代遅れ」と、こちらも「誤解」している人もいるものだ。

事実は全くそうではない。誤解を解くため開発方法論の違いなどについて教育する必要があるだろう。

方法論としてはアジャイル開発のほうが新しいものの、そもそもアジャイル開発はウオーターフォール型開発を「発展」させた方法論ではない。ウオーターフォール型開発とアジャイル開発のそれぞれにメリットとデメリットがあり、優劣を付ける2者ではないことや、構築対象に適した方法論を選択していくものであることを理解してもらう必要がある。

ハイブリッド型を採用するとプロジェクトの規模は大きくなる。その場合、大型プロジェクトの経験者から選ぶと、どうしてもプロジェクトマネジャーにはウオーターフォール型開発の経験が豊富な人が選ばれるケースが多い。

それ自体は悪いことではないが、その際にはAG側がウオーターフォール型開発に合わせた用語や資料で進捗を報告するよう心掛けたい。これにより、ワンチームを醸成しやすくなる。

WF側とAG側の互いに対する誤解やすれ違いを解消したうえで、定期的に優先順位を確認する際には、次のようなアクションで「互いが何をやっているか」を理解するとよいだろう。「WF側メンバーのアジャイル開発研修受講」「WF側メンバーのAG側インセプションデッキ(プロジェクト関係者とプロジェクトの方向性を検討・合意するために使うドキュメント)作成への参画」「ハイブリッド型での統合マスタースケジュールや体制図の作成」「定例進捗会議の合同開催」「課題共有検討会の実施」などである。

繰り返しになるが、WF側とAG側がワンチームとなることがハイブリッド型開発のシナジーを生み、プロジェクト全体の効率化とステークホルダーの満足度向上につながる。

ポイント2　優先順位付けはプロジェクト全体視点で

ハイブリッド型開発を成功に導くポイントの2つ目はスコープ調整である。

往々にして、WF側で要件定義後に分かった「要件漏れ」や追加要望を、本来はWF側で実装するのが好ましい場合だとしても、AG側で実装しがちである。理由は単純で、ウオーターフォール型開発は手戻りを前提としていない一方、アジャイル開発は仕様変更を受け入れるためだ。

本来、要件漏れや追加要件をWF側とAG側のどちらが実装するのかは、それぞれが担当する営業系、会計系といった業務領域（あるいはシステム機能）を根拠にすべきである。ただ、WF側とAG側に横断する機能の場合はどうか。前述の理由からAG側での対応を依頼されやすいが、たとえ余力があったとしても追加要件に対応すること

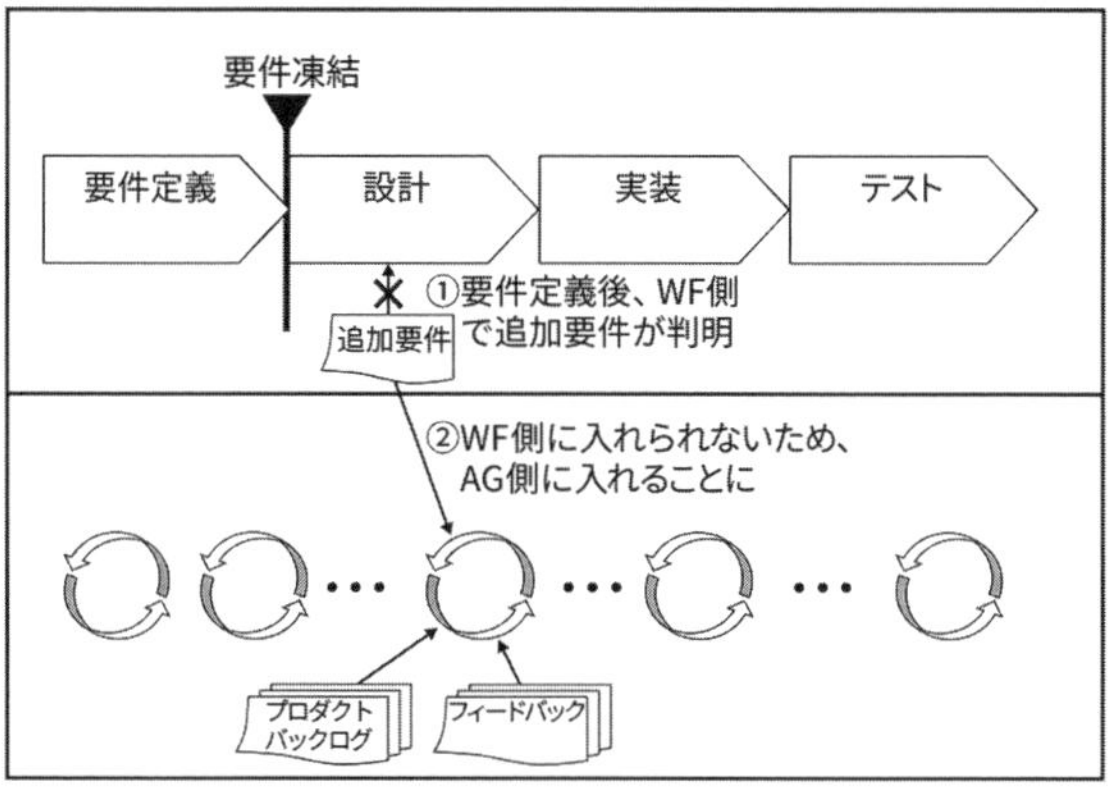

図　ハイブリッド型における追加要件の実装先
AG側はWF側の追加要件の受け入れを期待されやすい（出所：シグマクシス）

で、本来こなす予定だったタスクを諦めるケースもある。AG側で実装するかどうかはWF側も含めてシステム全体で満足度や価値を考慮する必要があるというわけだ。

では、どのようにプロジェクト全体で判断していけばよいのか。判断基準は明確で、「プロジェクト全体の顧客価値」である。これを基準に優先順位付けをすればよい。WF側とAG側でプロジェクトのオーナーが異なる場合でも同様に、「部分」ではなく「全体」の視点から優先度を決めることが欠かせない。

実際にハイブリッド型開発で基幹システムを構築した事例を紹介しよう。このプロジェクトでは、経理部門がオーナーである会計領域はウオーターフォール型開発を採用し、営業部門がオーナーである営業領域はアジャイル開発を採用した。

プロジェクトがスタートし、順次進むなかで追加要件が発生した。具体的には、経理部門で振り替え処理をするには、営業領域のデータも参照しなければならないという内容だ。

追加要件は会計領域である。本来であればWF側が追加要件を盛り込む形で画面や帳票などを改修し、AG側はデータを送るようにすればよい。ただ追加要件が分かった段階でWF側は設計工程を完了しており、仕様を凍結した後だった。そのため、AG側が追加要件を受け入れ、データ送信に加えて画面・帳票を含む全機能を実装することとなった。

AG側で受け入れた背景には、データ参照機能は営業部門にとっては優先順位が低いものの、基幹システム全体で考えると必須要件だったことがある。当然、AG側では追加要件対応という優先順位の高い「プロダクト・バックログ・アイテム（PBI、各イテレーションに割り振るタスク)」が割り込んでくることで、既存ＰＢＩの優先順位は相対的に下がる。それにより幾つか実装できない機能が出てくることが見通せた。

全体会議ではこの見通しをＡＧ側から提示したうえで、プロジェクト全体として「抜き差し」を考え、追加要件をＡＧ側で対応すると決めた。決定に従いプロジェクトを進め、無事に完遂した。その結果どうなったか。プロジェクト全体としては基幹システム構築の目的を達成できた半面、営業部門側の満足度は期待ほど高まらなかった。

ハイブリッド型はシステムも開発そのものも疎結合で進める。ただ、どのタスクにどう優先順位を割り振るかはしっかりＷＦ側とＡＧ側で共有しておくに限る。そうしないと互いに「あの機能はなぜまだ完了していないのか」といったわだかまりを抱きかねない。

優先順位の共有に最適な「場」は、作業計画を見直し、タスクの優先順位を付け替えるための定期イベントである「バックログリファインメント」だ。ここにＷＦ側メンバーも同席してもらい、一緒になって優先順位を決めていくことが大切だ。なぜならＷＦ側からＡＧ側に追加要件を渡す場合にも、割り込ませたＷＦ側タスクの優先順位を最も理解しているのはＷＦ側メンバーだからだ。

実践編第3章でも説明した通り、バックログリファインメントはアジャイル開発単体では都度の開催としている。だが、関係者の多いハイブリッド開発では定期開催とするようにしたい。

また本章のポイント１にもある通り、ＷＦ側メンバーとＡＧ側メンバーの関係構築も大切だ。

何も関係性が築けていないままバックログリファインメントを開催しても、全体としての満足度は高まらない。

最後に、ハイブリッド型開発におけるＡＧ側の工夫を説明する。これまで説明してきたように、ＡＧ側は必ずといっていいほどＷＦ側の追加要望を受け入れなければいけないシーンが出てくる。

これを逆手に取り、ＷＦ側からの割り込みに使うＰＢＩをあらかじめイテレーションに割り振っておくとよい。割り込みがあれば使えるし、なければ他の優先度の高いＰＢＩと交換すればよい。

ポイント3 機能と品質をそろえる

ハイブリッド型開発を成功に導く３つ目のポイントは、合流地点、つまり外部結合テストが始まるまでにＷＦ側システムとＡＧ側システムの機能と品質をそろえておくことである。

前提として、異なるシステム同士をつなぐ役割を果たす「インターフェース機能」について説明しよう。ハイブリッド型開発ではＷＦ側システムとＡＧ側システムをつなぐ重要な機能である。

アジャイル開発単体の場合は、業務の「価値」を優先するため、インターフェース機能の優先順位を通常低めに設定しがちだ。当然、開発タイミングをプロジェクト後半に設定するものの、往々にして優先順位の高いＰＢＩが割り込んできて、実装は計画よりも遅れがちとなる。しかしハイブリッド型開発の場合、これではいけない。

前述の通り、インターフェース機能はＷＦ側システムとＡＧ側システムを結合するための重要な機能であるため、優先順位を高く設定する必要がある。開発するタイミングは外部結合テストに十分に間に合うイテレーションに設定し、そのイテレーションに合わせて早めに要件を確定する。

ここからが本題だ。インターフェース機能を挟んでつながるＷＦ側システムとＡＧ側システムは、合流地点までにそれぞれの品質をそろえておく必要がある。「当然だろう」と感じるかもしれないが、実は難しい。それぞれ開発の進め方やメンバー、テストプロセスが異なるため、意識して品質をそろえる必要がある。

ウオーターフォール型開発の場合、要件定義や基本設計などの上流工程から計画的に品質をつくり込み、単体テスト、内部結合テストと進む。そのため内部結合テスト完了時点で一定の品質が担保されている。

もちろん、アジャイル開発も「テスト駆動開発」やユーザーレビューなどを通して各イテレーションで品質をつくり込むため、１カ月間のイテレーションの終わりに開催する「スプリントレビュー」の完了後はウオーターフォール型開発の内部結合テストと同等の品質が担保できているはずである。

しかし、実際はそうでないケースが散見される。なぜならアジャイル開発では度重なる変更要求やリファクタリングにより、一度開発が完了したソースコードに再度手を加えるケースが多く、バグが入り込むリスクがあるためだ。

またアジャイル開発の場合、品質よりも早さを優先してしまいがちにもなる。このため、WF側システムと外部結合した際にバグが多発することは往々にしてある。ハイブリッド型開発においてAG側は、単体のアジャイル開発のときよりも品質を重視して進めることが欠かせない。

当然だが、AG側でつくるインターフェース機能とWF側でつくるインターフェース機能のそれぞれの品質もそろえる必要がある。インターフェース機能のバグが原因で外部結合テストが止まらないように、インターフェース機能は仕様を凍結し、通常のイテレーション開発とは別にアジャイル開発領域内での内部結合テストを実施することで品質を担保しておく必要がある。

外部結合テストでの合流以降は、WF側とAG側は足並みをそろえて全体テストやユーザー受け入れテストをこなしていく。ウオーターフォール型開発でのリリースは基本的に本

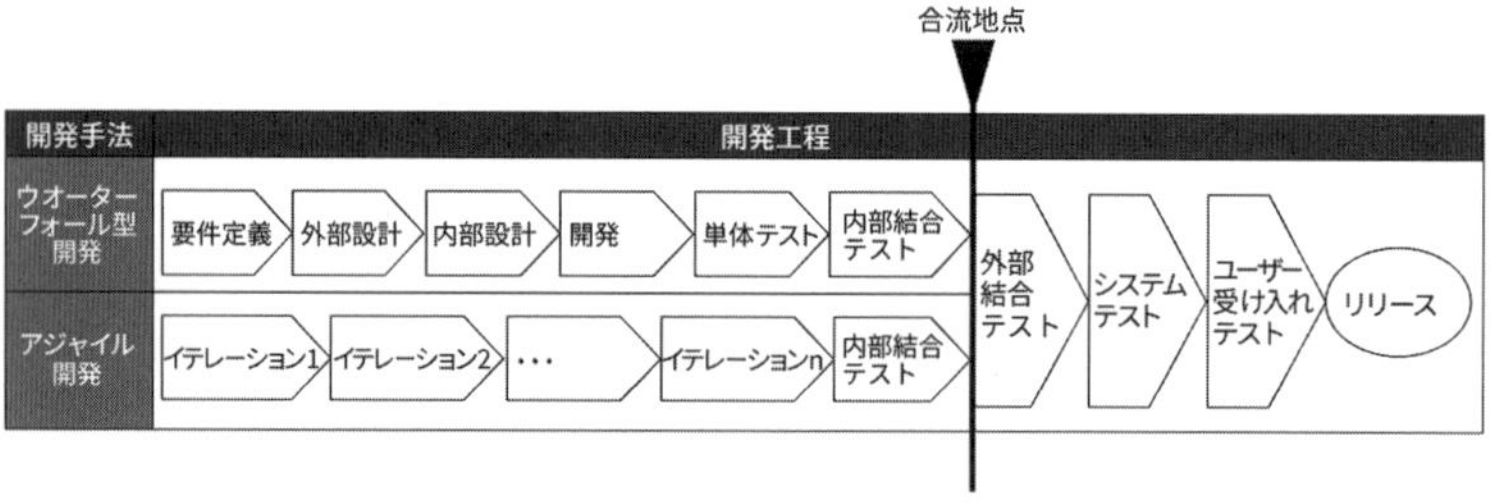

図　各開発手法における開発工程の例

外部結合テストで合流する（出所：シグマクシス）

稼働一度きりであり、アジャイル開発のように何度もリリースできない。よってリリースの期間を、柔軟に対応可能なＡＧ側をＷＦ側に合わせていくほうがよい。

合流して以降のＡＧ側での注意点は４つある。

１つ目は、バグ修正のためのＰＢＩが入る余地を確保しておくことだ。この余地がないと、外部結合テストやそれ以降でＡＧ側でのバグ改修が滞り、全体のボトルネックになりかねないからだ。

バグ改修のＰＢＩを割り込ませれば、本来予定していたＰＢＩも実行できなくなる。あらかじめバグ改修と機能開発のＰＢＩをバランスよく計画しておくことが欠かせない。

２つ目の注意点は、バグを修正した機能のリリース方法はウオーターフォール側開発のやり方に合わせることだ。アジャイル開発では一般にＣＩ／ＣＤ（継続的インテグレーション／継続的デリバリー）を導入し、バグを修正した機能はその都度公開していく。

一方、ウオーターフォール型開発では一通りの結合テストが完了した後にバグ修正、リリース、再テストという手順を踏む。スケジュールが決まっているウオーターフォール型開発のやり方に合わせたほうがテスト全体として統一して進められる。

３つ目の注意点は、バグに対応するチームは１人月単位で割り当てることだ。結合テスト以降はＡＧ側のチーム体制を「テスト、バグ修正担当」と「機能開発担当」で分けるとよい。チームを分けることで、バグ修正と機能開発をそれぞれ計画通りに進められるようになる。

１人が両チームにまたがると、チームを分けた意味が薄まるため、「工数は１人月」などチームをまたがらない形で担当者を割り当てるとよい。

最後の注意点は、インターフェース機能以外の改修は受け入れることだ。結合テスト以降も仕様変更は受け入れ、改修し続けるべきである。ハイブリッド型開発だからといって、アジャイル開発の特徴を損なっては意味がない。

とはいえ、インターフェース機能の改修はＷＦ側を含めて全体で検討すべきだ。インターフェース機能を改修すると、結合テストをやり直す必要が生じる可能性があるからだ。

ポイント4 ドキュメントをそろえ、ワンチームとして報告する

ハイブリッド型開発を成功に導く最後のポイントは、対外的なドキュメントや進捗報告のやり方をＷＦ側とＡＧ側でそろえることである。システム開発の手法はウオーターフォール型開発とアジャイル開発に分かれているのは開発側の工夫であり、ステークホルダーにとっては「１つのプロジェクト」だからだ。

ドキュメントをそろえるといっても、アジャイル開発はドキュメントを最小限としているため、ＡＧ側の開発チームは多くのサンプルを持っていないだろう。「どのようなフォーマットのドキュメントをつくろうか」と悩んでいては時間がもったいない。そこは割り切って、サンプルを豊富に持っているＷＦ側に提供してもらおう。

ただし、サンプルをただ提供してもらうだけでは十分ではない恐れがある。お勧めしたいのは実際にドキュメントを作成する前に、サンプルのどこに何を記載するかをユーザー部門代表者やＷＦ側の開発チームと合意を取ることだ。

ＷＦ側のドキュメントは様々な内容を記載できるフォーマットであるケースが多い。そのため、記載箇所を事前に合意していれば、ＡＧ側の進捗や仕様を可視化するうえで必要な箇所だけを抜けや漏れがなく作成できる。

また、記載粒度を事前に確認することも重要だ。後々、「ＷＦ側とＡＧ側で記載内容や細かさが異なるので比べにくい」とユーザー部門代表者から指摘されないようにするためだ。この場合は、実際に進捗や設計が記載されているサンプルを提供してもらえばよい。具体的な例が記載されているため粒度は一目瞭然だ。

そろえたほうがよい代表的なドキュメントは、「進捗報告資料」「設計書」「インターフェース定義書」「テスト仕様書」である。それぞれ説明しよう。

まず進捗報告資料についてだ。アジャイル開発者はともす

そろえるべき	• 進捗報告資料 • 設計書（基本、詳細、テーブル） • インターフェース定義書 • テスト仕様書（外部結合テスト、システムテスト、ユーザー受け入れテスト）
そろえなくてもよい	• 要件定義書 • テスト仕様書（単体テスト、内部結合テスト）

図　ハイブリッド開発のドキュメント

進捗報告や対外的なドキュメントをWF側とAG側でそろえる（出所：シグマクシス）

れば「実際の画面や、開発計画と実績の乖離（かいり）をグラフ化した『バーン・ダウン・チャート』で報告すればよい」と考えがちだが、それだけではうまくいかない。

基礎編第3章でも紹介した通り、これまでウオーターフォール型開発にだけ触れてきたステークホルダーに進捗をしっかり伝えるには、ウオーターフォール型開発で使ってきたフォーマットでの報告も必要となる。例えばマスタースケジュールや各機能の進捗リストなどだ。

報告内容には、その時点の進捗に加えて、今後どうなるかの予測も加えるとなおよいだろう。遅れた分をどうリカバリーするか、逆に早く進んでいる場合は余った時間で何をつくるかを報告に含めると、ステークホルダーは安心して任せてくれるものだ。

次に各設計書（基本、詳細、テーブル）とインターフェース定義書である。これらのフォーマットや記載粒度をWF側とAG側とでそろえておく。

「アジャイル開発だからドキュメントをつくらなくていい」と、（恒例の）誤解をするメンバーもいるかもしれないが、少なくともハイブリッド型開発ではAG側のドキュメントは必須である。例えばユーザー部門代表者が設計書をレビューする場面を想像してほしい。

ユーザー部門代表者は仕事の流れに沿って、全ての機能をレビューしたいと思うだろう。もしここでAG側だけ設計書がなかったらどうだろう。ユーザー部門代表者の信頼を得られるだろうか。

設計書とインターフェース定義書をそろえておくことは引き継ぎにも役立つ。ハイブリッド型開発では、AG側とWF側がそれぞれのシステムを1つの運用チームに引き継ぐケースが多い。このとき、ドキュメントが統一されていない、または一部作成されていないという状況では運用チームに迷惑をかけるばかりか、引き継ぎを拒否されかねない。

設計書とインターフェース定義書をそろえておく必要はあるが、「ハイブリッド型開発ではＡＧ側は常に最初からドキュメントを作成しろ」というわけではない。それではアジャイル開発のメリットを引き出しにくいからだ。

そこで「外部結合テストまでには作成する」とＷＦ側とＡＧ側で明確な「期日」を取り決めておく。いつ作成するかはそれぞれで決めれば問題ないだろう。

最後はテスト仕様書だ。そろえておくべきテスト仕様書は外部結合テスト以降のテスト仕様書となる。つまり外部結合テストとシステムテスト、ユーザー受け入れテストだ。ただ前述した通り、外部結合テスト以降はＷＦ側と一緒に実施するため、必然的にテスト仕様書は統一される。

ドキュメントをそろえなかった失敗例

ドキュメントをそろえずにハイブリッド型開発に挑むとどうなるか。実際の失敗例を紹介しよう。

このハイブリッド型開発プロジェクトにおいて、ＷＦ側は各工程の完了基準にドキュメントのレビューを必須としており、業務部門とＩＴ部門、開発ベンダーが一堂に会する毎週の定例ミーティングで開発の進捗を報告していた。レビューと進捗報告により、どんな機能をつくっているのかと、何のドキュメントをどのタイミングでどういった粒度で作成しているかをステークホルダー全員が把握していた。

一方AG側はスプリントレビューでエンドユーザーがプログラムの動作を確認していた。ただユーザー部門代表者に対する定期的な進捗報告はしていなかったため、ユーザー部門代表者はAG側がどのような機能を開発し、そのテスト結果がどうだったのかが分からず不安を抱いていた。

合流地点である外部結合テストでその不安が現実のものとなった。WF側とAG側で機能がそろっていないことが分かったのだ。これは外部結合テストの開始に間に合わせるために本来必要だったユーザーによるケースレビューを省略したため、単体テストの実施が不十分となり、機能がそろわない結果となってしまったからである。

事態を重く見たユーザー部門代表者は一旦プロジェクトを止め、機能がそろわなかった原因を調べ、再発防止策を講じた。そのうえでAG側に「足りない機能の実装」と「単体テスト仕様書の作成と単体テストの再実施」「設計書の作成」を指示した。この影響でプロジェクトは遅れることとなった。

アジャイル開発単体であれば、たとえ機能不足が分かってもここまでの再作業は求められないだろう。しかしハイブリッド型開発の場合、ユーザー部門代表者にとって「WF側とAG側を合わせて1つのプロジェクト」であるため、AG側にとっては「重い」再作業が求められたといえる。

進捗の報告タイミングと粒度

最後に「進捗報告のやり方」を合わせるテクニックを説明しよう。進捗報告のタイミングは、一般にウオーターフォール型開発とアジャイル開発でずれる。ウオーターフォール型開発は週次報告が一般的だが、アジャイル開発は２週間から１カ月ごとのスプリントレビューで報告するものだ。

ハイブリッド型開発の場合、頻度が高いWF側に合わせたほうがよい。AG側はイテレーション途中の報告となるが、進捗していないと誤解されることを避けるために、あらかじめ各イテレーションで実行するタスクである「スプリント・バックログ・アイテム（SBI）」の順番やサイズを調整して対応する。例えばイテレーション開始日の３日後に進捗報告がある場合、ちょうど3日間で終わるSBIを優先的に実施するか、３日で終わるようにSBIのサイズを調整する、といった具合だ。

報告の粒度はどうあるべきだろうか。アジャイル開発では一般に、進捗をPBIか「ユーザーストーリー」の単位で報

開発手法	担当する詳細機能
ウオーターフォール型開発 （WF 側チーム）	• 検索機能 • 登録機能 • 一覧出力機能
アジャイル開発（AG 側チーム）	• インプット入力画面 • 登録内容テーブル格納 • 登録内容チェックロジック

図　受注管理機能の詳細をWG側とAG側で割り振った例

WG側に慣れたユーザーにとって、AG側の機能分解結果はなじみがない（出所：シグマクシス）

告する。ユーザーストーリーとは、ユーザーの要件を「役割（誰が）」「要望（何をしたい）」「理由（なぜ）」の要素で整理したものだ。

ウオーターフォール型開発に慣れたステークホルダーにとっては、ユーザーストーリーでは粒度が粗すぎるし、PBIでは細か過ぎる。いずれも伝わりにくいわけだ。

従って、報告の粒度はWF側とAG側で同じレベル感になるまでグルーピングするとよい。例えば「受注管理機能」を成す複数の詳細機能をWF側とAG側で分担して開発している場合、詳細機能ごとに進捗を報告するのではなく、大本の受注管理機能のレベルまでグルーピングすることが欠かせない。

ハイブリッド型開発の場合、通常のアジャイル開発とは異なると割り切り、ドキュメントの作成対象や作成タイミング、記述する粒度などをWF側に合わせ、ワンチームとして進捗報告を行うべきだろう。

第２章 ローコード開発やＳａａＳの導入ならアジャイルがお勧め　スピード倍増の勘所

現場での最先端のアジャイル活用について事例を交えながら紹介する「応用編」の第１章はアジャイル開発とウオーターフォール型開発のハイブリッド型開発を紹介した。第２章では、アジャイル開発と相性がよい２つの技術との組み合わせ方を解説しよう。具体的にはノーコード／ローコード開発とＳａａＳ（ソフトウエア・アズ・ア・サービス）である。進化し続けるテクノロジーを効果的に取り入れることは、価値実現のスピードアップに大きく寄与する。

時代の要請、ノーコード／ローコード開発を取り入れる

まずノーコード／ローコード開発との組み合わせについて説明する。ノーコード／ローコード開発とは、プログラマーが記述するソースコードをゼロ、または最小限にすることで、プログラミングやテストの速度を大幅に向上させる手法である。多くのソフトウエア会社が開発プラットフォームや開発環境を提供している。

開発者は開発画面上のアイコンを組み合わせるなど、GUI（グラフィカル・ユーザー・インターフェース）の直感的な操作だけで操作画面やロジックを作成できるようになる。プログラム言語をキーボードから打ち込む従来のプログラミングに比べ、単純な記述ミスがなくなるなど、コーディング工数を大幅に削減できる効率を期待できる。

アジャイル開発にノーコード／ローコード開発を取り入れると2つのメリットがある。

1つは詳細設計から単体テストまでの工数の削減である。ノーコード／ローコード開発を取り入れても、要件の整理や概要設計、結合テスト以降のテスト工程に関しては工数を削減できない。一方で詳細設計からコーディングを経て単体テストまでの工数は約半分に短縮できる。

ノーコード／ローコード開発においては、詳細設計書として処理ごとに用意されたアイコンを配置し、ロジックを可視化する行為そのものがプログラミングであり、その後のコーディングが実質的に不要になるからだ。コーディングしないため単純な記述ミスはそもそもなくなり、開発ツールによっては条件分岐や繰り返しなどの処理フローで不整合が生じないように正す機能を備えるものもある。これらにより、単体テストそのものの工数も減らせるわけだ。

もう1つのメリットは、プログラムを共有する工数の削減である。前述の通り、詳細設計としてアイコンを配置する行為がプログラミングになるので、当然、詳細設計書＝プログラムコード＝GUIとなり、文字や数字、記号から成る従来のプログラムコードと比べてロジックの可読性ははるかに高い。

加えて、詳細設計書をつくり忘れたり、プログラムコードとかけ離れて陳腐化していったりすることもなくなる。つまり開発者は常に最新のロジックをＧＵＩで確認できるわけだ。

実践編第5章においてリファクタリング（保守性や拡張性の向上を目的として、複雑化したプログラムの内部構造を整理する作業）の項目で説明した通り、アジャイル開発ではプログラムをチームで共有し、チームメンバーであれば誰でもプログラムを修正できるように可読性を高めておく必要がある。ノーコード／ローコード開発の導入により詳細設計書＝プログラムコードの可読性が高まることは、チームのプログラム共有に大きく貢献するだけでなく、複雑になりにくくなるためリファクタリングの頻度を下げる効果も見込める。

ただ導入に際してはメリットを最大限に引き出すための注意点が３つもある。１つ目は、あまたあるノーコード／ローコードの開発プラットフォームにはそれぞれのルールやクセがある点だ。

開発対象のシステムの特性やプロジェクトの規模に合わせて、何が適切かをしっかり見極める必要がある。例えば社内の承認システムやファイル共有、顧客管理との連携に強みを持つ製品や、パソコン／スマホ／タブレットなどマルチデバイス対応に強みを持つ製品など、自社がこれからどの領域でノーコード／ローコード開発を推進したいかによって選定する製品は異なる。

また、ライセンス体系にも注意したい。開発者の人数で費用が決まる製品やユーザー数によって費用が決まる製品など、こちらも利用シーンを想定しておく必要がある。そして選んだ製品を開発者に習得してもらうコストと期間を確保することも欠かせない。

2つ目の注意点は、開発者の設計スキルは変わらずに必要だという点だ。ノーコード/ローコード開発というと、どの開発プラットフォームのGUIが使いやすいのかという話になってしまいがちであるが、本来重視されるべきは、どう概要設計し開発プラットフォームに落とし込むかという設計スキルである。プログラミングの一部が自動化されたとしても、設計そのものが自動化されるわけではない。

最後の注意点は、プロジェクト代表者であるプロダクトオーナー(PO)の意思決定スピードをアップさせる必要がある点だ。ノーコード/ローコード開発導入による工数の削減は、チームメンバーの減員もしくは、プロジェクトの期間短縮という形でプロジェクトに還元されるケースが多いだろう。企業がアジャイル開発を採用する大きな理由が、「プロジェクトの成果を早く手に入れること」と考えると、多くのプロジェクトは期間の短縮、つまり開発スピードの向上を目指すこととなる。

ノーコード/ローコード開発を導入する際はPOの意思決定にも相対的な速さが求められる。そうでなければチームのボトルネックとなってしまいかねない。POだけでは意思決定の迅速化が難しい場合は、多忙なPOを支援して調整役やリーダー役を担う「代理プロダクトオーナー(PPO)」を配置するなどして対応策を講じるべきである。

以上の3つの注意点に対処すると、ノーコード/ローコード開発のメリットを引き出せるだろう。実はノーコード/ローコード開発の本領は初回リリース(最初の本稼働)までの開発期間を短縮する場面だけではない。初回リリース後の保守でも発揮されるのだ。

新規サービスの展開後にフィードバックをすぐに反映させたい場合や、ビジネスの外部要因や法改正などをタイムリーにシステムに反映しなければいけないようなビジネスにおいては、とりわけノーコード／ローコード開発の導入をお勧めしたい。

変化への対応スピードが求められる時代、ビジネスが求めるスピードに追い付いていくには、「ドキュメントを修正し、承認し、実装する」といった従来のやり方に固執してはいけない。設計と同時に動くソフトウエアが完成し、設計もろともソフトウエアそのものをユーザーがレビューするというノーコード／ローコード開発の思想は、アジャイルとの親和性も高く、時代の求めるツールの1つといえる。開発体制や意思決定プロセスなどを考慮しつつ、適切に取り入れたい。

基幹システムにSaaSを使う時代が到来

調査会社アイ・ティ・アール（ITR）が2021年4月8日に発表した「国内ERP（統合基幹業務システム）市場規模推移および予測」によれば、2019年度から2020年度にかけてパッケージソフトの市場（オンプレミス型とIaaS：インフラストラクチャー・アズ・ア・サービス型）はほぼ横ばいで推移している。それに対し、SaaSの市場は約21％も増えている。

同社はパッケージ市場における２０１９〜２０２４年度の年平均成長率（ＣＡＧＲ）がマイナス０・１％であることに対して、ＳａａＳ市場は同２４・０％と高い成長率を予測している。基幹システムの領域にＳａａＳ導入を検討する際は、アジャイル開発とウオーターフォール型開発の手法をうまく使い分けていくことが効果的だ。

利用企業がカスタマイズ可能なパッケージに比べ、ＳａａＳはカスタマイズできる「自由度」が低い半面、導入スピードは速い。加えてＳａａＳは継続的に最新のテクノロジーや利用企業のリクエストを取り込んでいくため、常に価値が高い状態にあるといえる。

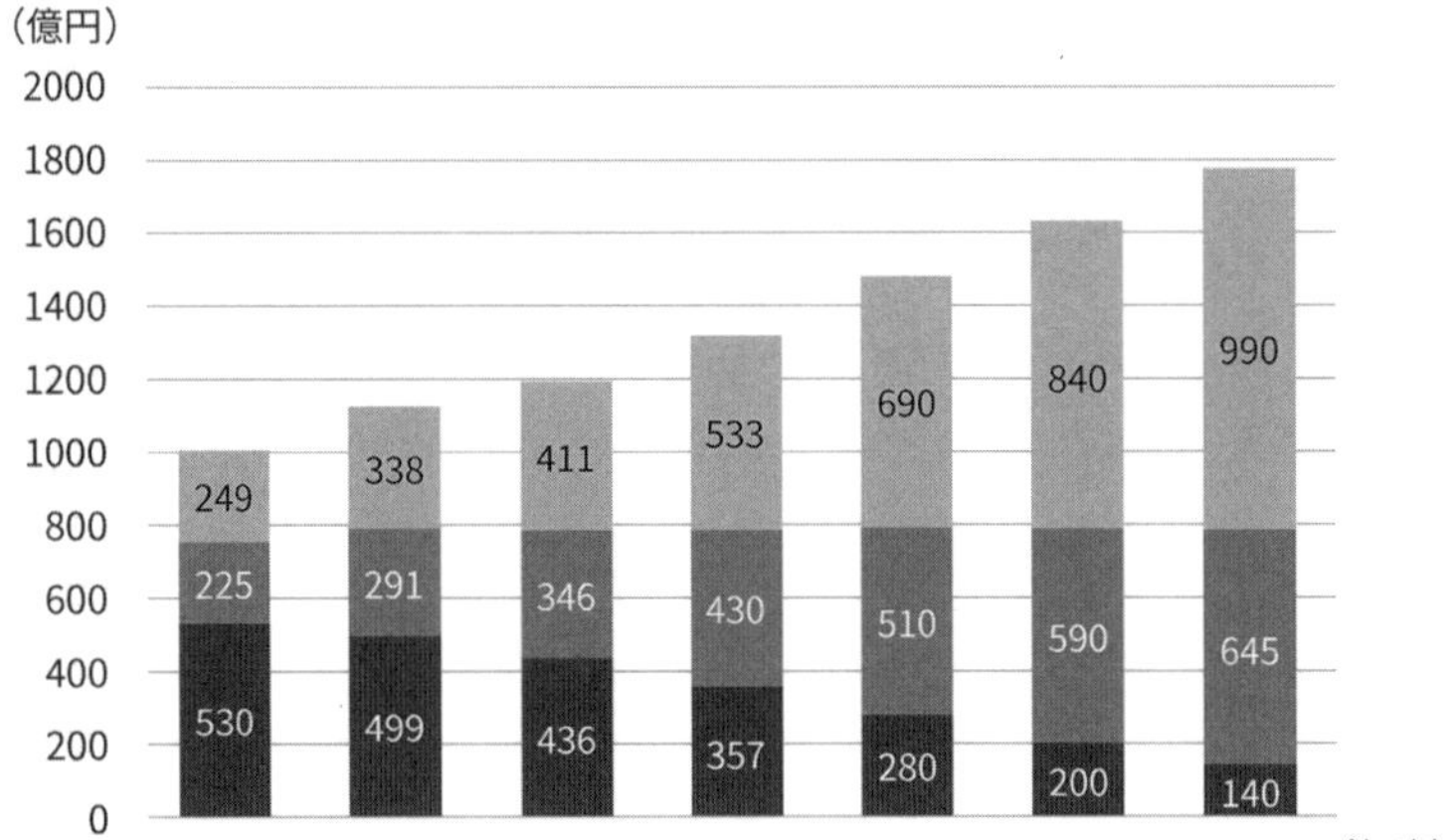

図　国内ERP市場規模の推移

基幹系システムでのSaaS導入が増加。SaaS:ソフトウエア・アズ・ア・サービス、ERP:統合基幹業務システム、IaaS:インフラストラクチャー・アズ・ア・サービス

（出所:アイ・ティ・アール「ERP市場の提供形態と運用形態別の市場規模推移および予測:提供形態別（パッケージ部分は運用形態別）（2018～2024年度）」、2021年4月8日、ベンダーの売上金額を対象とし3月期ベースで換算、2020年度以降は予測値）

会計や購買・販売管理といった他社との企業も共通する業務領域、つまりは差異化しても競争優位性を出しにくい業務領域においては、自社のやり方に合わせてパッケージをカスタマイズしてお金と時間をかけるよりも、標準的でかつアップデートが多いＳａａＳを早く安く導入してしまおうと考える日本企業が増えているというわけだ。

こうしたＳａａＳのメリットを最大限に享受する導入方法は、これまでのパッケージの導入方法とは異なる。

例えばこれまでのパッケージ導入では「Fit-Gap」アプローチを取るケースが多かった。自社の業務要件とパッケージの機能とを比較し、合致する箇所と乖離（かいり）している箇所を明確にし、乖離箇所はカスタマイズや機能追加で対応するアプローチである。

一方、ＳａａＳ導入では、カスタマイズや

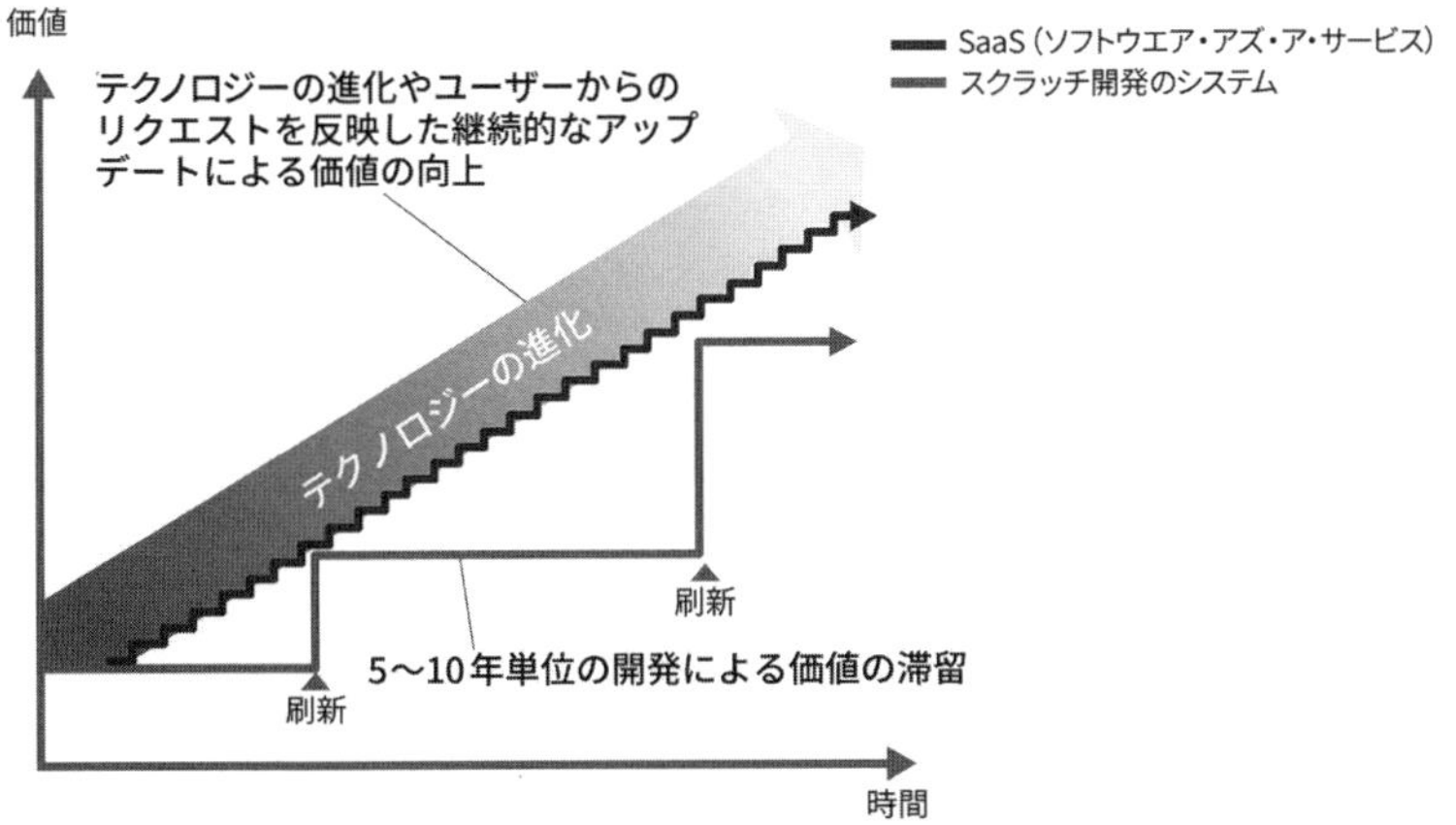

図　SaaSとスクラッチ開発のシステムにおける価値の推移
継続的なアップデートはSaaS導入の大きなメリット（出所：シグマクシス）

機能追加の自由度が低いため、SaaSベンダーが提供する業務の「ベストプラクティス」に自社の業務を合わせていく「Fit-to-Standard」のアプローチとなる。オーダーメードの服をあつらえたり、既製服のサイズを直したりするのではなく、既製服に自分の体を合わせるという考え方だ。

「Fit-to-Standard」の進め方は次の通りだ。大きく稼働前に5ステップ、稼働後に2ステップの合計7ステップある。

まず稼働前のステップは、「(1)対象業務領域と相違点の特定」でSaaSを適用する業務領域を特定するとともに、自社の業務とSaaSのベストプラクティスとの相違点を導出する。次に「(2)業務変更と設定」でSaaSの設定項目を決めつつ、業務のやり方をベストプラクティスに合わせる形で変更していく。

その後に「(3)最低限の開発」で、業務を遂行するうえで必要最低限となる帳票などの追加機能や既存システムとのインターフェース機能を開発し、本番稼働に向けて「(4)データ移行」と「(5)最終テスト」に取り組む。システム稼働後は、SaaSベンダーが提供するバージョンアップを適用するかを

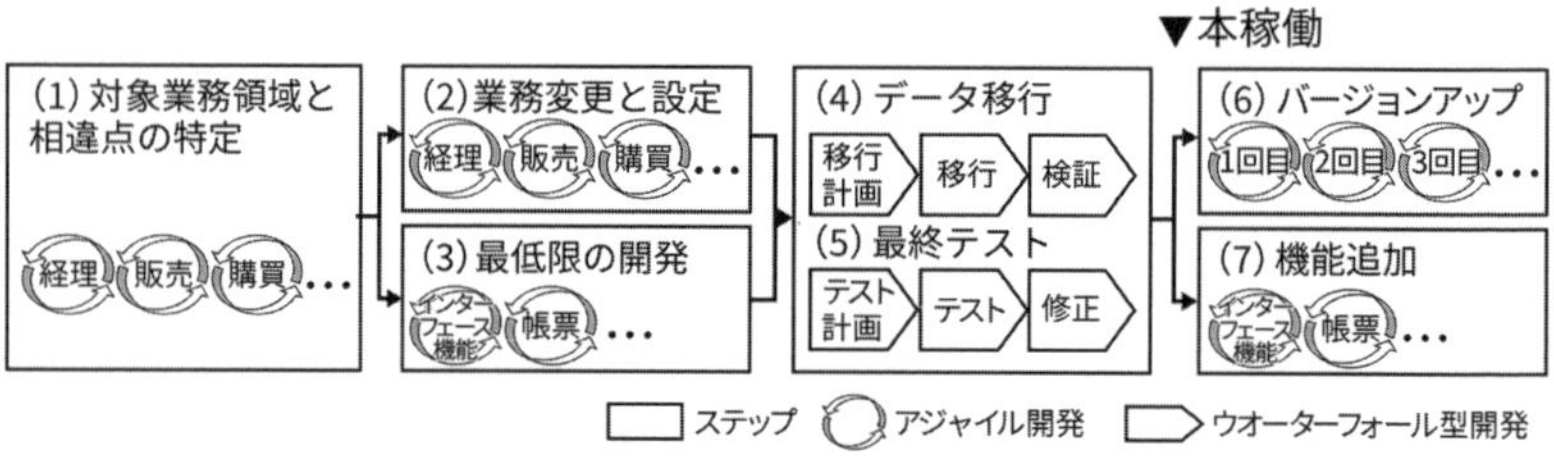

図　Fit-to-Standardの進め方

ステップごとにアジャイル開発とウオーターフォール型開発を使い分ける（出所：シグマクシス）

判断し、適用するのならば実際に作業する「（６）バージョンアップ」と、稼働後に生じた機能を追加する「（７）機能追加」を並行して進めていく。

各ステップには、アジャイル開発とウオーターフォール型開発を適切に取り入れることで、Fit-to-Standardをより効率的に進められるようになる。７ステップを具体的に見ていこう。

（1）対象業務領域と相違点の特定

会計、販売、購買といった単位でSaaSを導入する業務を決め、それぞれの業務領域で１週間程度の短いイテレーションを割り当てる。その間でSaaSのベストプラクティスと自社の業務プロセスを事前に用意したサンプルデータを用いて比較しながら、SaaSの提供機能と実際の業務にどのような相違点があるのかを特定する。

例えば販売業務でいえば「見積もり」「受注」「出荷」などの単位を「プロダクト・バックログ・アイテム（PBI、タスクの塊）」と考えると、各イテレーションに確認する業務領域を作業量に応じて割り当てたり、確認作業の進捗に応じて優先順位を入れ替えたりするなどアジャイル開発の手法を当てはめやすい。本ステップのアウトプットは、SaaS対象となる業務領域のリストと相違点のリストである。

（2）業務変更と設定

期間は１週間程度の短いイテレーションとし、その中で自社の業務に即したSaaSの設定値、例えば自社が取り扱う商品のタイプ（物販、サービスなど）や収益管理単位（地域、組織、商品群）、在庫評価の方法（先入れ先出し、移動平均など）といった様々な項目を決めるともに、相違点に対してどう業務を変更していくかのアイデアを検討し、ステークホルダーと合意していく。ここでは追加開発ありきで考えるのではなく、業務変更で相違をなくしていくことを事前に業務部門のシステム利用者と合意しておけるかどうかが重要な成功要因となる。

（3）最低限の開発

既存システムとのインターフェース機能や業務上必要な最低限の帳票などは追加開発が必要だ。その場合、開発規模が小さい場合が多く、アジャイル開発でつくり直すことも十分可能だ。ただインターフェース機能や帳票を既存の仕様のまま使いたいとするケースも多い。この場合は仕様が固まっており仕様書もそろっていると期待できるため、ウオーターフォール型開発で進めると効果的だろう。

（4）データ移行

基幹システム、特に会計データの移行は、トライ・アンド・エラーというわけにはいかない。稼働に向けて確実に移行し、正しく移行されたことを検証する必要がある。その点ではウオーターフォール型開発の手法で1段階ずつ順を追って確実に実施すべきである。

(5)最終テスト

既存システムとの結合テストやユーザー受け入れテストの領域が広いことから、網羅的なテスト計画書を作成するウオーターフォール型開発の手法で進めたい。また、稼働後のバージョンアップに備えてここでテスト自動化の準備を進めておくことを推奨する。

(6)バージョンアップ

ＳａａＳは一般に年に数回のバージョンアップがあり、不具合を修正したり新しい機能を提供したりする。新機能を使うかどうかを判断するためにも、事前に用意した自動テストを実施し、予期せぬ不具合（デグレード）が発生しないことや業務上の変更点を確認する。テスト実施を最初のＰＢＩとし、発生した業務の変更点を追加ＰＢＩとして管理するとよいだろう。

(7)機能追加

稼働後に判明した、業務遂行上どうしても必要となる機能は追加開発せざるを得ない。ここはアジャイル開発が向いており、優先順位を付け、開発リソースと相談しながらイテレーションを回していく。

最後にFit-to-Standardの手法とアジャイル開発によって、会計・販売・購買という複数領域に関連する基幹業務を半年という短期間でＳａａＳにリプレースしたA社に成功のポイントを聞いたので紹介したい。

基幹システムリプレース成功のポイント（A社の事例）

旧基幹システムはERPパッケージに大量のアドオン機能を加えたものでした。そのシステムに対して、今回、原則アドオンなしのSaaSに6カ月で乗せ換えることができました。

あっという間の6カ月で、一言で表すと「決断し続ける毎日の連続」でした。とにかく全てをスピーディーに判断し続けなければいけません。そのため100点満点を目指すのではなく、最低限の業務が回ることを目標にしてきました。諦めた機能もたくさんありましたが、それらの機能がなくても実際の業務は回ることを今では実感しています。

アジャイル開発を全体に取り入れたことで、リプレースでは意思決定のスピードが大幅に向上しました。これは全ての決定事項が「最終決定」ではなく、後から変えられる「仮決め」という位置付けで進めることができたからです。一旦決めたことも、それではうまくいかない「ノックアウトファクター」が見つかれば、後で変更してもいい――。こう考えていくことで、スピーディーに判断し続けました。

最低限の業務を回すことを目標にした結果、旧システムでは「過剰だった」独自のアドオン機能を大幅に減らすことができました。むしろＳａａＳに合わせるようにしてきました。ＳａａＳに業務を合わせたことで、今後はＳａａＳの新機能がそのまま使えるようになります。バージョンアップが楽にできるなどのメリットも期待しています。

開発段階では追加開発を控えましたが、実際に業務を回してみることで本当に必要な追加機能が明確になりました。そこで、幾つかの帳票は、稼働後に追加開発することにしました。この過程で、プロジェクトのメンバーだけでなく、マネジメント層やエンドユーザーも「使いながら改善していく」という考え方を体験し、理解できたことは大きなメリットだと思います。

今回のプロジェクトは、仕事の進め方そのものが「アジャイル」でした。実践し、慣れていくなかで、メンバーの考え方や振る舞いが変わっていきました。メンバーが1つのゴールに向かって同じ考えで足並みをそろえたことも、成功の大きな要因でしょう。

過去の慣習をそのまま受け入れるのではなく、本当に必要かを考えることの大切さ。そして、次々と意思決定しながら物事を前に進めていく推進力とスピード感。プロジェクトで学んだことは普段の仕事のやり方そのものを変えるきっかけになりました。我々は先駆者として今後学んだことを社内に伝えていきたいと思っています。（談）

第3章

「新規サービス立ち上げならアジャイル開発」は本当か 立ちはだかる2つの壁

企業や行政機関がこぞってＤＸ（デジタルトランスフォーメーション）に取り組むようになり、そこここでデジタル技術を使った新規事業や新規サービスが立ち上がっている。本書の最終章でもある応用編第3章は、ＳｏＥ（System of Engagement）領域の新規サービスをアジャイル開発で構築する際の注意点を掘り下げて解説する。

新規サービス開発には、市場調査、ニーズ検証・評価、投資判断など様々なタスクがあるが、その中でもソフトウエア開発はアジャイル開発との相性がよいとされる。ソフトウエア開発では「サービスで実現したい価値は決まっていてもアプリケーションの仕様は決まっていない」ケースが多い。小さな完成品を市場に出し、フィードバックを得て改善するなど、絶えず仮

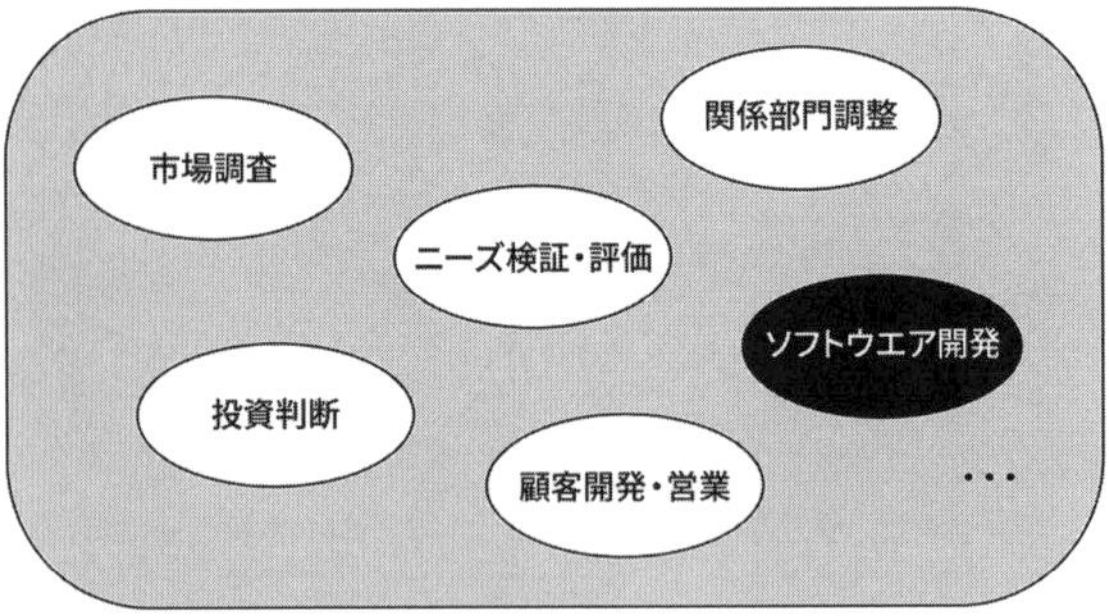

図　サービス開発で実施するタスク
アジャイル開発によるソフトウエア開発はサービス開発のほんの一部
（出所：シグマクシス）

説と検証を繰り返す必要もある。

このような条件下では確かにアジャイル開発の手法が合っている。しかし、相性がいいとはいえ、そこには様々な落とし穴もあるため注意が必要だ。今回は、そうした「落とし穴」について取り上げていく。

業務システムとサービスシステムの違い

本題の前提として、「業務システム」と「サービスシステム」の違いについて3つの観点で整理しておこう。ここでいう業務システムとはSoR（System of Record）領域のシステムであり、主な利用者は社内に閉じる。一方のサービスシステムとはSoE領域のシステムであり、主な利用者は社外にいる。

根底にあるのは「顧客」が異なる点だ。顧客とは、ここではシステムが提供する「価値」を真に享受させたい利用者を指す。業務システムの利用者は例えば業務オペレーション担当者などと明確になっているが、サービスシステムの利用者は不特定多数の一般消費者である。

顧客が異なると、システムの利用頻度もプロジェクトのゴールも異なる。利用頻度でいえば、業務システムは「必ず使わなければいけないもの」である。

なぜならそれなくしては業務を遂行できないからだ。だからこそ業務システムに対しては、

「使いにくい」という不満が募っても、システム自体を使わなくなるということにはつながらない。

一方でサービスシステムは（当然の話ではあるが）利用を強制できない。顧客はシステムから享受できる価値に満足しなければ、すぐに離れ、二度と利用しなくなる。

プロジェクトのゴールの違いも見てみよう。業務システムのプロジェクトのゴールは本稼働させること、すなわち運用に引き渡すことである。それに向け、QCD（品質・費用・納期）をコントロールしながら業務機能を要望通りに正しく実装・テストしていく。

本稼働がゴールだといえる理由は、顧客が社内にいるため、要件定義の段階で顧客が抱える課題とその解決策が明確になっているからである。システムが稼働すること

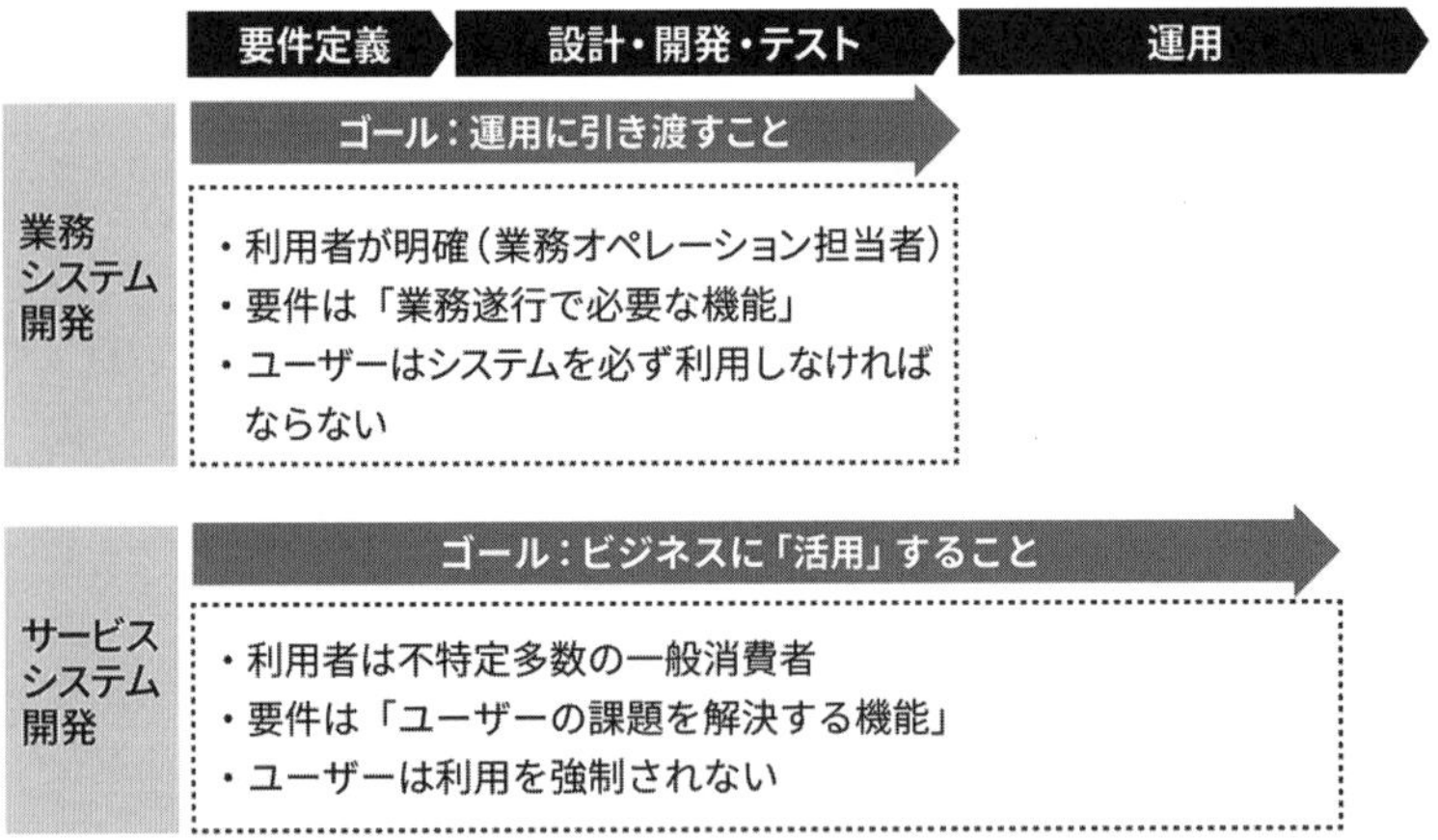

要件定義
設計・開発・テスト
運用
業務システム開発
ゴール：運用に引き渡すこと
・利用者が明確（業務オペレーション担当者）
・要件は「業務遂行で必要な機能」
・ユーザーはシステムを必ず利用しなければならない
サービスシステム開発
ゴール：ビジネスに「活用」すること
・利用者は不特定多数の一般消費者
・要件は「ユーザーの課題を解決する機能」
・ユーザーは利用を強制されない

図　業務システムとサービスシステムの違い

ゴールや特徴に差（出所：シグマクシス）

で顧客の課題を解決できるように機能を実装しているので、目的は達成されているのである。

一方、サービスシステムのゴールは機能が正しく稼働することではなく、ビジネスに「活用」することである。顧客は市場にいるため、サービスシステムで顧客の課題を満たせているかを事前に予測しにくい。だからこそ素早く市場に提供して評価を受け、その評価で改善するという継続的な行為そのものをゴールとするわけだ。

業務システムとサービスシステムは開発方法も違う。業務システムの場合、多くはウオーターフォール型開発が適している。既存業務をシステム化するケースが大半であり、その要件はユーザー部門代表者が言語化・文書化できるからだ。要件が明確なので、手戻りのないように要件定義と

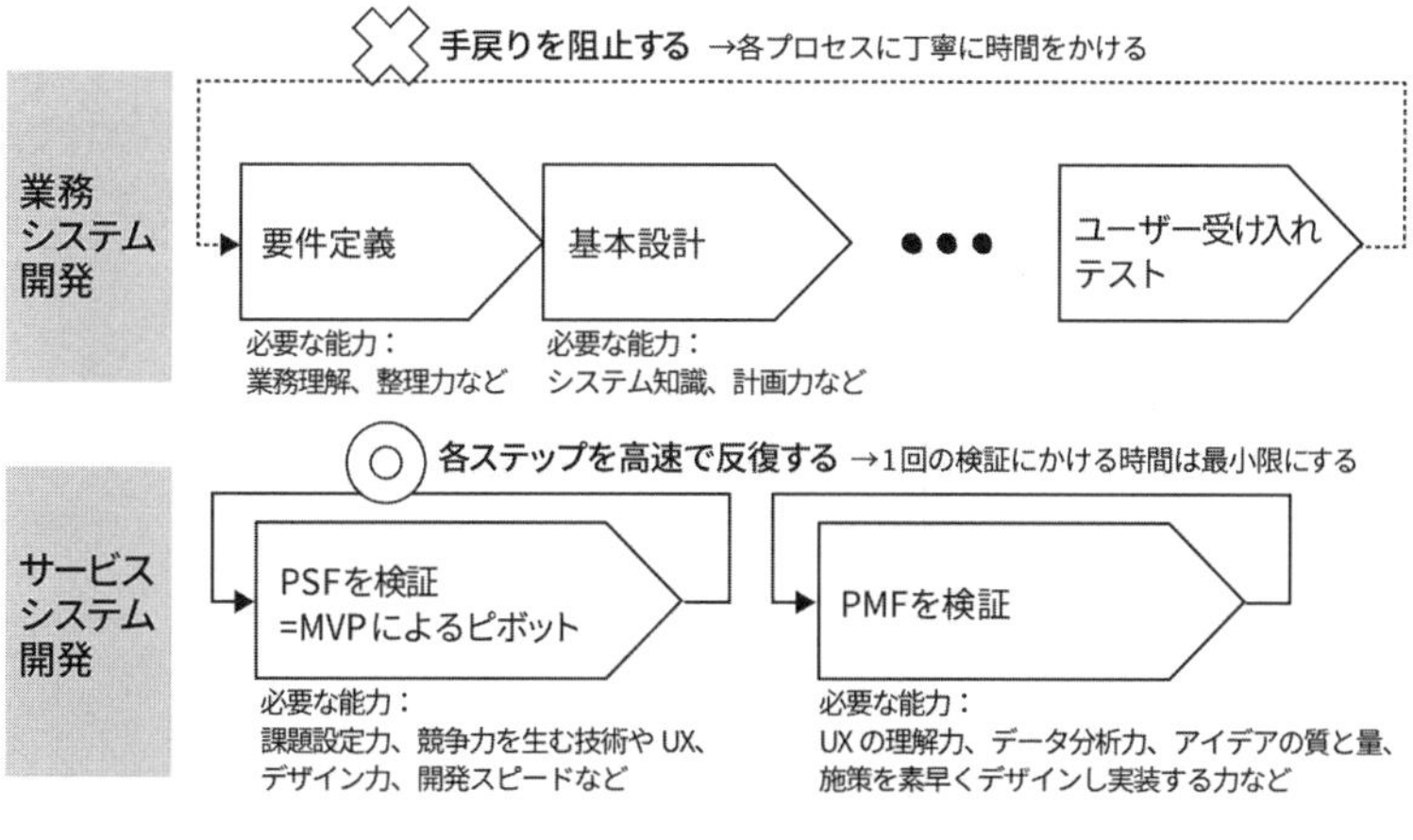

図　業務システムとサービスシステムにおけるシステム開発方法の違い
MVPをどう検証するかが鍵。PSF:プロブレム・ソリューション・フィット、MVP:ミニマム・バイアブル・プロダクト、UX:ユーザー体験、PMF:プロダクト・マーケット・フィット（出所:シグマクシス）

実装、テストを丁寧に進めるウォーターフォール型開発が合っているというわけだ。

一方のサービスシステムの場合、アジャイル開発が適している。これからつくり出す新しいサービスを支えるシステムであることから、要件自体がある程度の仮説に基づくものであり、だからこそ実装と改善を繰り返す仮説検証型の開発プロセスが合っている。

この違いが最も顕著に表れるのが、初回リリース（最初の本稼働）のタイミングと規模である。業務システムとサービスシステムを比較すると、相対的に業務システムは「遅く大きい」、サービスシステムは「早く小さい」となる。

業務システムは顧客の課題と解決策を明確にしたうえで開発するので、一定の効果があることが予測でき、システムが全く使い物にならないことは少ない。リリース後の障害や仕様変更も、顧客が明確であることから修正対応しやすい。そのため、一連の業務が回るまで機能をつくりためてから初回リリースする方法であっても大きな問題はない。

一方、サービスシステムは初回リリースの範囲を、「システムが提供する価値が顧客の課題解決に寄与できるかを検証できる最小の機能」を意味する「MVP（ミニマム・バイアブル・プロダクト）」にとどめる。つくった機能の価値に確証がないため、つくりためる意味がない。つくりためてから出してしまうと、価値に合致しないときの負のインパクトが大きい。最小限の価値が提供できるプロダクトを素早く世に出して迅速に検証し、改修する必要がある。

ここまでが前置きで、ここからが本題である。アジャイル開発は新規事業や新規サービスを支えるシステムをつくるには非常に相性がよいとされている。ただ一般消費者向けサービスを立ち上げる場合、アジャイル開発を採用してもうまくいかないケースもある。

ここでの注意点は、これまで基礎編と実践編を通して見てきたＳｏＲ領域のシステムにアジャイル開発を採用する際の注意点とは異なる。以下、立ちはだかる大きな壁を２つ指摘し、その後、解決策を提言していく。

やってみて分かった、「サービスシステム×アジャイル」に2つの壁

２つの壁とはなにか。「ステークホルダーの複雑性」と「ＭＶＰの肥大化」だ。「ステークホルダーの複雑性」から見ていこう。

新規サービスのステークホルダーは一様ではない。名を連ねるのは、出資者である会社や事業部門、新規事業を運営する会社や部門、プロジェクト運営のプロ、ＵＸ（ユーザー体験）やデザインのプロなどだ。

こうしたなかで「サービスを開発して事業を立ち上げる」という大きな目標が合致していても、提供する価値の目的や内容について認識がずれていると、要所要所で個々のステークホルダーがそれぞれの事情を優先させがちになる。メンバーはそれぞれの所属先にお伺いを立て、承認をもらいながら進めることになり、その調整に多くの工数と期間を奪われてしまう。

ここではジョイントベンチャー（ＪＶ）のケースでアジャイルの適用について考えていく。

企業に所属しながら新規事業を立ち上げ、新規サービスの開発を任されるとき、他社とＪＶを組んで取り組むケースだ。ただ、このケースは企業内で複数部門間のステークホルダーがいる場合や、新規ベンチャーでも外部に意思決定権を持った出資者がいる場合にも適用できる。

我々が取材した実例を紹介しよう。一般消費者向けの新サービスを開発するに当たり、複数社がＪＶを組み、それぞれの事業特性を生かして担当領域を決めた。

サービスコンセプトはＡ社とＢ社で考え、そのうえで各社の担当を「Ａ社は業界の特性と課題の提示および商材の提供」「Ｂ社は事業開発とプロジェクト管理」「Ｃ社はマーケティングと販路拡大」と決めた。各社に得意分野を担当してもらうためうまくいくと考えてスタートしたが、実際は各社が投入する人材や資金には差があった。

システム開発の過程で発生した課題は解決が遅

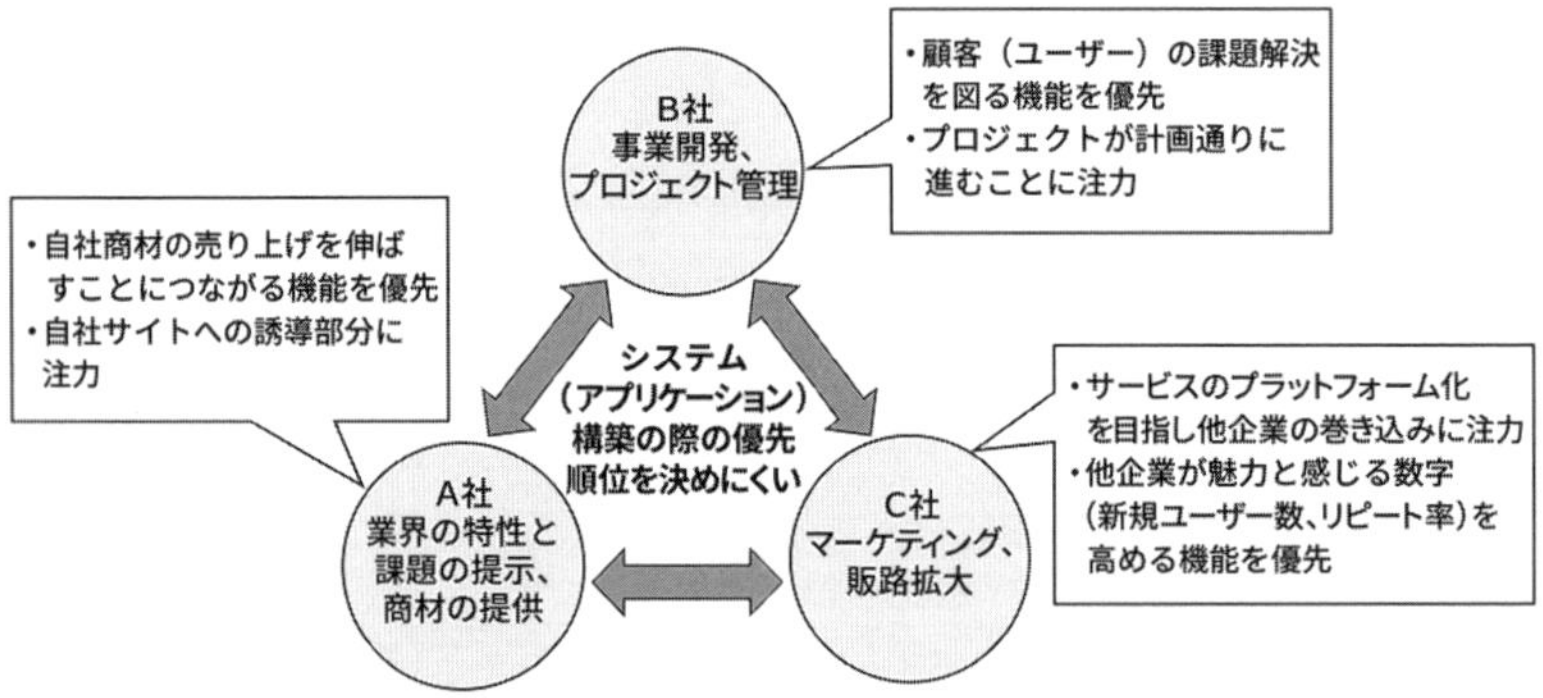
B社
事業開発、
プロジェクト管理
・顧客（ユーザー）の課題解決
を図る機能を優先
・プロジェクトが計画通りに
進むことに注力
・自社商材の売り上げを伸ば
すことにつながる機能を優先
・自社サイトへの誘導部分に
注力
システム
（アプリケーション）
構築の際の優先
順位を決めにくい
・サービスのプラットフォーム化
を目指し他企業の巻き込みに注力
・他企業が魅力と感じる数字
（新規ユーザー数、リピート率）を
高める機能を優先
A社
業界の特性と
課題の提示、
商材の提供
C社
マーケティング、
販路拡大

図　ステークホルダーの複雑性の例

プロジェクトに参加する会社やメンバーによって注力ポイントが異なる（出所：シグマクシス）

かった。理由は幾つかある。

まず現場のメンバーに絶対的な意思決定権限がなかった。課題はメンバーを通して出身各社のマネジメントに報告されたうえで、最終的にステアリングコミッティが諮るというプロセスだったが、実はステアリングコミッティが一枚岩ではなかった。全体のサービスを成功させるために各社が考える「理想」がずれていたのだ。結果、考え方や判断基準が一本化できず意思決定にはその都度かなりの時間を要してしまった。

この失敗から学べることは何だろうか。サービス開発の教科書的存在である「リーンスタートアップ」の考え方、すなわちMVPを素早くつくって頻繁にリリースし、必要に応じて改変していくという考え方でも、企業内で新規にサービスを立ち上げる場合は「権限委譲の実効性、文化の違いから子会社を立ち上げる」ことを推奨している。

ただ実際は、子会社を立ち上げ、その社長にサービスを企画する責任者が就いたとしても、教科書通りにその子会社社長に全ての権限が委譲され、自由に素早く意思決定をできるわけではない。実際に我々は、役職を拝命し「任せた」と言われた人がその上司から都度報告を求められ、自由に意思決定させてもらえない場面を何度も見てきた。

JVの場合、意思決定のプロセスは格段に複雑さを増すため、意思決定の速度はさらに遅れる。JVの参加メンバーは、それぞれの出自企業の承認なしに物事が決められない、かつ企業別に方針が異なることも少なくないからだ。

もう1つの壁が「MVPの肥大化」である。MVPがなぜ肥大化するのか、その過程を説明しよう。

まずサービスシステム開発の多くは、企画者を中心としたコアメンバーにより仮説を形にする。本来は、初期の仮説に基づいて開発したMVPをユーザーに使ってもらい、データを計測して仮説を検証することで、継続またはピボット（方針転換）するという仮説検証型のサイクルを回すべきである。しかし実際は、ユーザー候補への一時的なインタビューだけで検証するケースが多く、継続的にデータを計測したうえでの検証とはなりにくい。

加えて、日本企業がサービスシステムをアジャイル開発で構築しようとすると、自社のメンバーだけでは賄い切れず、外部の開発ベンダーに参画してもらうケースが多い。外部への費用が発生するため、プロジェクトのかなり初期の段階で開発の全体予算を算出し、大まかな事業化のスケジュールを立て、経営層や出資者の承認を取り付ける必要がある。

当然この段階では仮説検証が進んでいないにもかかわらず、承認を得るには仮説の正しさを証明せよと求められるケースが多い。するとどうなるか。

プロジェクト責任者であるプロダクトオーナー（PO）は苦肉の策でMVPを肥大化させる計画をもって、その証明をしようとする。具体的には、顧客の課題を解決するであろう機能を思いつく限り盛り込んだサービスシステムをつくろうとしてしまうのだ。

この結果、ユーザー候補への一時的なインタビューと机上検証による仮説だけで、必要以上に品質や機能が詰め込まれたサービスシステムが開発されるわけだ。

肥大化したMVPのリリース後は、市場の評価を踏まえて仮説から再構築しようにも、予算も時間もかかるためその「２度目」ができなくなる。特にＪＶの場合は前述した通りステークホルダーの利害関係が複雑に絡み合って意思決定が遅れ、２度目はまず実施できない。するとどうなるか。肥大化したＭＶＰに対するその後のアクションは、ユーザーから得られた機能要求の「追加」を重ねていくだけとなる。

たまたま仮説が正しく、たまたまプロダクトの方向感も合っていれば、問題なくサービスとして立ち上がり育っていくこともある。だが多くの場合、ピボットを含めた仮説検証ができず、大きな方向転換はできないため、いくら新規機能を追加しても市場には受け入れられない。

ＭＶＰが肥大化した失敗例

実際の失敗例を紹介しよう。ある小売企業が共同出資企業と共にサービスをつくった。このサービスでは「ユーザーは購入予定の商品の評判や使用感を、実店舗に行かなくとも何らかの方法で事前に確認し購入したいものだ」という仮説を立てた。そして提供する新サービスを、「自分と属性が近い人が商品を試している情報を確認したうえで購買できるＥＣ（電子商取引）サービス」とした。

仮説に基づき、使いやすさに焦点を当てて先にアプリケーションのデザインを進めた。市場の反応を見る前、リーンスタートアップでいうところの「ＰＳＦ（プロブレム・ソリューション・フィット、提供する価値がユーザーの課題を解決している状態）」に至ったかを検証し終わる前に、いきなりＭＶＰの構築に入ったわけだ。構築前の仮説検証は、試験的なユーザーに試用してもらいインタビューするというもので、実体験を伴う検証ではなかった。

使いやすさに焦点を当てたMVPは多くの機能を備えた肥大化したものとなった。初回リリース後は、ユーザーから寄せられたフィードバックに基づき工数を費やして検索スピードを高めたものの、結果としてユーザー数の劇的な向上には結び付かなかった。

そもそものユーザー課題を解決するための仮説の問題点まで立ち戻り、大きくピボットすることが許されなかったのである。「当初のMVP検証の不足が響いた」とメンバーは振り返る。

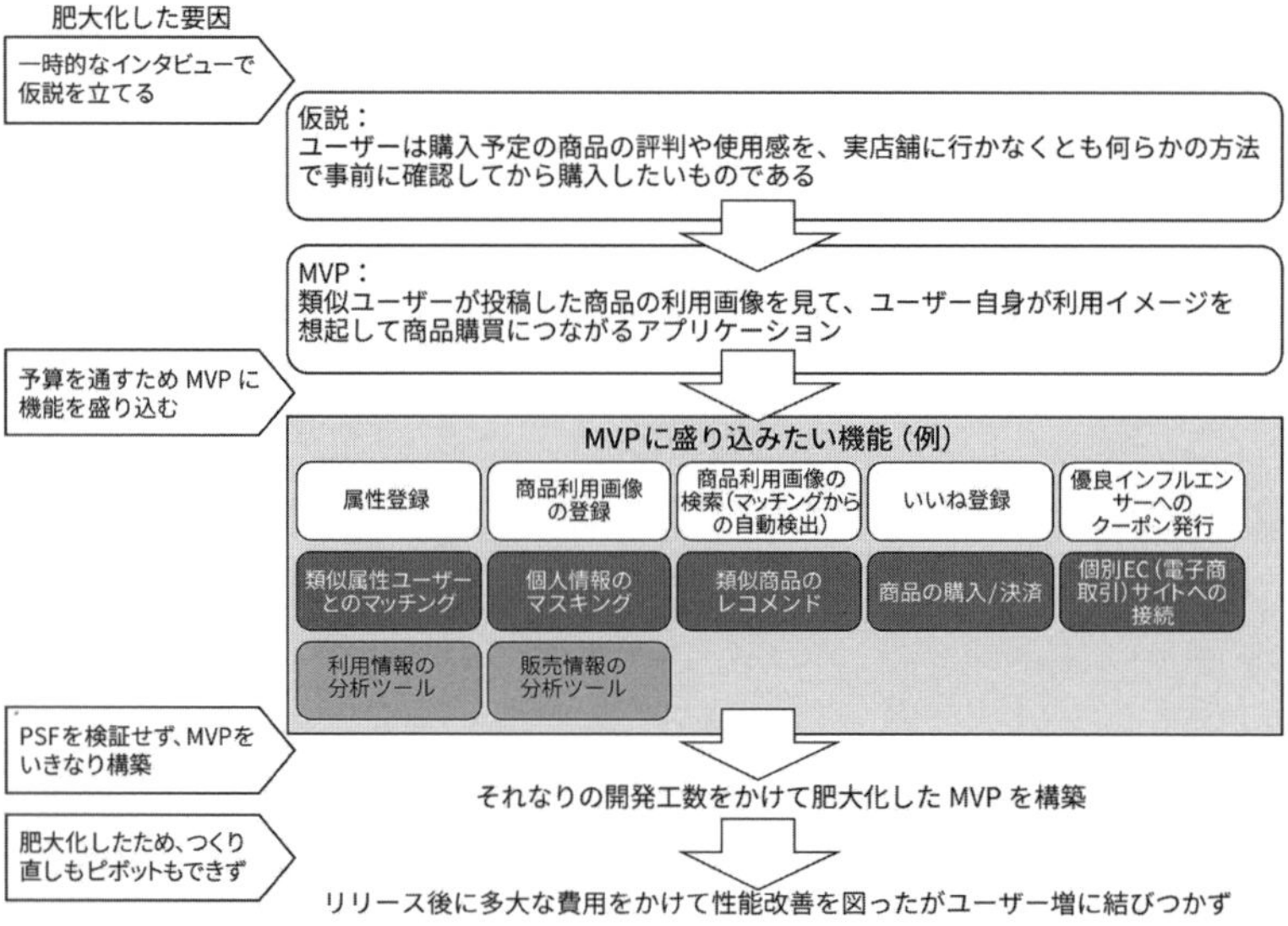
肥大化した要因
一時的なインタビューで仮説を立てる
仮説：
ユーザーは購入予定の商品の評判や使用感を、実店舗に行かなくとも何らかの方法で事前に確認してから購入したいものである
MVP：
類似ユーザーが投稿した商品の利用画像を見て、ユーザー自身が利用イメージを想起して商品購買につながるアプリケーション
予算を通すため MVP に機能を盛り込む
MVPに盛り込みたい機能（例）
属性登録
商品利用画像の登録
商品利用画像の検索（マッチングからの自動検出）
いいね登録
優良インフルエンサーへのクーポン発行
類似属性ユーザーとのマッチング
個人情報のマスキング
類似商品のレコメンド
商品の購入/決済
個別EC（電子商取引）サイトへの接続
利用情報の分析ツール
販売情報の分析ツール
PSFを検証せず、MVPをいきなり構築
それなりの開発工数をかけて肥大化した MVP を構築
肥大化したため、つくり直しもピボットもできず
リリース後に多大な費用をかけて性能改善を図ったがユーザー増に結びつかず

図　MVPが肥大化する流れ

絞り込めず、ピボットできず、失敗する。MVP:ミニマム・バイアブル・プロダクト、PSF:プロブレム・ソリューション・フィット（出所:シグマクシス）

サービス開発へのアジャイル適用に向けた新提言

「ステークホルダーの複雑性」と「ＭＶＰの肥大化」をどうしたら解決できるだろうか。それぞれに解決策を提案したい。

「ステークホルダーの複雑性」をなくすには、ＰＯへの権限委譲とアジャイルチーム編成のタイミングを見直すことだ。一般に、サービス開発においてはフェーズごとに推進体制が変わる。企画段階は企画者を中心とした、戦略（ビジネスモデル）の立案を得意とする少数メンバーが進め、仮説検証にも取り組む。次のＭＶＰ構築段階は開発チーム中心のそれなりの規模となる。

しかしこれでは仮説検証とＭＶＰ開発が断絶され、サービス立ち上げまでのスピードを下げる恐れがある。これを回避するには、企画の初期段階のコアチームとしてアジャイルチームを組成したい。

加わるべきメンバーはＰＯのほか、サービスデザイン担当者（サービス全体のスキームを設計）、プロジェクトマネジャー、ＵＸ設計（データ分析を実施してサービスシステムの機能／導線を設計）、ＵＸデザイナー(サービスサイトの全体デザインと画面デザイン)、アプリケーション開発のリーダーなどである。もちろんつくりたいサービスによって編成は異なるが、自社でまかなえなければ適宜外部のメンバーを入れる。

企画の初期段階のコアチームとしてアジャイルチームを組成する際は2つ注意したい。1つは、圧倒的な使命感とパッションを兼ね備えたPOに、しっかりと権限を委譲すること。もう1つはこのアジャイルチームでクイックにソフトウエアの原型をつくり上げることである。それぞれ詳しく解説しよう。

1つ目の「圧倒的な使命感とパッションを兼ね備えたPOに、しっかりと権限を委譲すること」が重要な理由は、POの意思決定範囲が小さいとサービス開発が成功しないからだ。まずPOには文字通り全責任を負う覚悟を持つ人が当たることが欠かせない。

我々の経験上、そうした覚悟を持ち、そのうえで権限委譲されたPOがアジャイルチームを組成すると、ステークホルダーとのコミュニケーションのコスト、具体的には報告頻度や各報告の工数が最小化される。これはサービスを高速でリーンにつくるうえで、とても重要なことだ。

JVなどにおいては、出身企業の役職が最も上の人がPOとなりがちだ。だが、こうして選ばれたPOは意思決定者にならず、合議制を敷いたりステアリングコミッティなどのステークホルダー会議で意思決定したりしがちである。はっきり言ってしまえば、最低限の節目での報告は別としても、サービス開発中に現場を把握していないマネジメント層の関与は不要である。

基礎編第3章で説明した通り、アジャイルチームが意思決定できる「自治区」をどこまで広げられるかがスピードとのトレードオフとなる。POもさることながら、経営層らのステークホルダーこそ「開発スピードが最も重要である」と認識すべきであり、POはそうした開発環境を整えるよう企画当初から上層部に働きかける必要がある。

2つ目の「企画の初期段階のアジャイルチームでクイックにソフトウエアの原型をつくり上げる」ためには、ソフトウエア開発に十分な知見のあるメンバーを参画させることが欠かせない。

これによりユーザーへのインタビューと並行して、適切な工数と期間で実装可能な機能を整理しながら、サービスの鍵となる画面をデザインし、クイックにソフトウエアの原型をつくれるはずである。継続してサービスを提供・改善できる環境を企画段階から構築できるため、徐々に客層を広げていけるようにもなる。

現状はどうかというと、ビジネス視点と技術視点が分かれた状態で人材を育成する日本においては、ビジネス視点の強い人がＰＯを担当するケースがほとんどだ。加えてソフトウエア開発に十分な知見のあるメンバーが初期段階に参画することは少ない。

お分かりの通り、アンバランスなチーム編成で企画を進めると、考えた内容を実装する難易度や規模が分からず、後段で破綻するケースが相次ぐ。

「ＭＶＰの肥大化」を防ぐには

次に「ＭＶＰの肥大化」を防ぐにはどうすればよいのか。理想は初期に構築した小さなアジャイルチームで、市場との対話を通してＭＶＰをつくり上げることである。

完成形は「柔軟で低コスト高スピードで、ＰＳＦの状態」ではあるが、そうなり得るかの仮説検証をＭＶＰで繰り返したい。アプリケーションという形でなくともＭＶＰを検証することは可能なのだ。

前述した小売企業の失敗例ではどんなＭＶＰをつくるべきだったのか。一例が以下の一連のサービスプロセスであろう。

利用者と属性の近い人の体験情報をとにかく集め、ファイリングし、そこから何を判断できるのか、そして購買意欲につながるかを、メールだろうと直接だろうとユーザーに問いかける。それを見てユーザーが実際に購買したいとなったら、その商品を実際にプロジェクトからユーザーに届けてみて、本当に期待値通りだったかを確かめる――。マニュアルでの運用を仮説検証のプロセスに含めることで最小限のＭＶＰにとどめ、ピボットの余地を残すのだ。

では最小限のＭＶＰを構築し、ＰＳＦまで拡張させていく過程はどう進めていけばよいのだろうか。最初のＭＶＰに市場のフィードバックを反映させるには、ユーザーの要件を「役割（誰が）」「要望（何をしたい）」「理由（なぜ）」の要素で整理した「ユーザーストーリー」を各イテレーションでどの順で実装するかについて適切な「出し入れ」が必要となる。この出し入れ自体は実践編でＳｏＲ向けに記載した方法と相違はない。

開発したサービス（システム）が満足できるものかを判断するのはあくまでもユーザーであるため、アジャイルチームはＭＶＰを使って「定義したユーザーの課題が真に解決に至るかどうか」という本質的な問いかけを、チームとして「ＭＶＰはＰＳＦに至った」と確信するまで繰り返す。そこに至るには課題や解決策のピボットも必要となるだろう。その投資をできるかも肝となる。

重要な観点は「ＭＶＰが本当にミニマムな状態で維持できているか」である。つまりユーザーストーリーは足し算でなく、常に引き算との戦いであることを認識して進めていかなければいけない。

リーンの考え方に従い、顧客の課題を解決できる（ＰＳＦ）段階に至ったＭＶＰに徐々に機能を追加して、爆発的に市場に受け入れられる（ＰＭＦ）状態を目指す。アジャイルチームの開発者は、ＰＳＦに至ったと確信した段階から徐々に増員するとよい。ＭＶＰでは確かに課題にはフィットしても、ＰＭＦとするには様々な付加機能も必要となるのが現実だからだ。

ＰＳＦを確信できるまで検証

この点を踏まえ、最後にもう１つの提言を追加したい。それは「企画検証フェーズの予算を十分に確保し、仮説からＭＶＰをつくり、検証とピボットを繰り返しＰＳＦだと確信できるようにしてほしい」という提言だ。

その後、ＰＳＦを確信できたら、そこまでに将来開発したいとためてきた付加機能などを市場に受け入れられる形で、一気に実装するサービス拡張フェーズに入る。この２つのフェーズを明確に分けるのだ。

前半に当たる企画検証フェーズで、ステークホルダーと意識を合わせておくべきポイントが幾つかある。まず、サービスのローンチはゴールではなくむしろスタートに当たるという点である。サービスローンチは大きなイベントではあるが、このリリースをこそ小さく始められることが肝要である。

また、何が受け入れられるか分からないサービス開発において、仮説段階で時間と費用を投入することは非効率であることも留意したい。ローンチまでに開発しておかないと後からの開発は難しいと考えてしまいがちであるが、逆である。初期の仮説はおおむね変容を遂げるため、検証で前向きにその変容に向き合う姿勢がPOには求められる。

後半に当たるサービス拡張フェーズでの進め方はSoR領域のシステムにおけるアジャイル開発と同様に、それなりの規模の開発チームを組成して進める。MVPの検証を繰り返すなかでためてきた要件を細かいレベルで実装し、コアチーム内の検証を経て初回リリースに盛り込む。極端な話、後半の開発はウオーターフォール型開発でもよい。重要なのは「サービス拡張フェーズはピボットできない」と覚悟し、そこをステークホルダーと共有しておくことだ。

仮説検証とピボットを繰り返す

これまで解説してきた通り、サービス開発にアジャイルを適用する際のよくある失敗は、企画レベルで大きな予算を取り付け、仮説に基づきMVPと呼びつつも多くの機能を実装し、高い品質基準を満たしたアプリケーションを開発してしまい、その後もピボットができないままグロース（成長）に向けた機能強化に走ってしまうパターンだ。

このパターンにおいては、どこにも真の意味での仮説検証の流れがない。そうなると当然だが、サービス開発では顧客は市場にいるため、サービスシステムで顧客の課題を満たせているかを事前に予測しにくい。

アジャイル開発の手法で進めるものの、仮説検証が不十分なままプロジェクトが進むと本来解決すべき顧客の課題が置き去りになり、後に追加すればよいはずの新規機能を優先するなど、優先順位付けを誤ってしまう。結果として、アプリケーション構築においても壁にぶつかり、うまくいかなくなるわけだ。

サービス開発の領域でアジャイル適用を成功させるために重要なことは、企画レベルでは小さな予算を取り付け、マニュアル運用を含めた最小限のＭＶＰで仮説検証とピボットを繰り返し、ＰＳＦ状態を確認することである。

この検証の完了までは事業計画の振れ幅も大きいため、企画段階でサービスのアプリケーション開発にかける全体予算はボトムアップでは算出することはできない。仮説検証でＰＳＦ状態を確認した後に、フェーズを明確に分けて、本格開発チームの組成に向けた全体予算を取り付け、ピボットはできない覚悟を持って実プロダクトとしてのアプリケーション開発に取り組み、グロースに向けた機能強化を進めていくことが欠かせないのだ。

アジャイル開発を成功させるための１つの考え方として、参考にしてほしい。

おわりに

本書の執筆に関わったのは、ビジネスコンサルティングを手掛けるシグマクシスで、発注側のプロジェクトマネジャーを支援しつつプロジェクトを推進する組織である「PMO（プログラム・マネジメント・オフィス）」を支援するサービスに携わるチームのメンバーである。

コンサルタントが本を出すことは自体は珍しくないだろう。我々もコンサルタントが書いた本をよく手に取るが、自分たち自身が著者となって本を書くことまでは考えたことがなかった。本書の基となったのはウェブ媒体の日経クロステックに寄稿した連載記事（2021年3月～2022年2月）だが、その記事を書いた動機は自社のコンサルティングサービスの一助となればというものだった。

しかし、寄稿続編のお話をいただき、そのコンテンツをまとめて書籍にするという話が持ち上がった際、その安易な気持ちを改めた。「自分たちの知見を現場のコンサルティングで生かすだけでなく、書籍を通じて広く提供しそれぞれの現場で役立ててもらうことも大切な仕事である」と捉え直し、少し悩みながらも「続きを書きます」と返事をしたことを覚えている。

「それにしても、なぜビジネスコンサルタントがアジャイル開発について書くことができたのか」

これは社外のみならず、社内からも聞こえてきた声だ。読者の皆様もそう感じているのではないだろうか。本書の締めくくりとしてその背景を説明したい。

時代が変化のスピードを速めるなか、企業もその変化に追従する必要がある。ただ、その速度に最も追い付けていないのが、実は業務システムやサービスシステムの開発なのではないか――。実際、いまだに大企業の基幹システム入れ替えとなれば5年はかかるだろうという長期のプロジェクトが組まれている。

我々の課題認識の原点、ＰＭＯ支援サービスが誕生した出発点はここにある。本書の至る所で、ウオーターフォール型開発とアジャイル開発の手法の比較をしてきたが、従来のシステム開発の進め方に柔軟性がなかったのは間違いない。我々自身、多くのプロジェクトを通じてそれを実感している。ウオーターフォール型開発の手法そのものが悪いわけではない。ただウオーターフォール型開発の考え方が「今つくりたい」システムとそれを必要とするビジネスとのアンマッチを生んでいるシーンが多かった。

対話を重視して「動くソフトウエア」を早くつくり、フィードバックを早期に取り込む――。アジャイルは思想であり、考え方である。作法が決まり切った方法論ではない。アジャイルが様々なシーン、文脈で使われる理由もそこにある。そして今後アジャイル開発は、速やかな変化が求められるビジネスシーンで第一の候補となるのは間違いないだろう。

その兆候を示す一例が我々が最近携わっているある企業の大型基幹システム刷新プロジェクトだ。大きくはウオーターフォール型で進んでいるものの、業務情報の可視化を目的とした活動はアジャイルの思想にのっとって進めている。この企業の経営トップもアジャイルに関心を持ち、適宜フィードバックしてくれている。

思想を学ぶだけでは実践では生かせないのが現実だ。アジャイルの思想をシステム開発やサービス開発にどう生かすか、アジャイルの思想でプロジェクトをどう推進するかには、実際に組織を動かすための知恵やノウハウを知っておく必要がある。

思想と実践をつなぐにはノウハウが要るという点はアジャイルに限らず、プロジェクトと名の付くあらゆる活動に共通するのではないだろうか。我々コンサルタントはプロジェクト成功の請負人として雇われ、時にお客様の立場でシステム利用者やプロジェクト推進者として立ち回り、時にITベンダーとタッグを組んでシステム導入サイドに立つこともある。そんな我々だからこそ、見えることや分かることがある。

それゆえ、1つひとつのノウハウについて、「なぜそうするのか」「どうしてやらないのか」という理由を実感をもって説明できるのだ。本書の執筆に当たり、そうした「なぜ」「どうして」を大切にしてきた。読者が自分の立場からだけではなく、複数の視点を持てるきっかけになればうれしい。

プロジェクトの現場は様々な利害関係者にあふれ、マネジャー層はその調整に奔走する毎日だ。そのなかで考えてきたこと、実践してきたことは次々と過去のものになっていく。

本書の執筆に当たり、執筆メンバーは全員日々のコンサルティング業務に一切手を抜くことなく、自身の経験を埋もれさせず少しでも役立つ形に変えるため、オフタイムの時間を使って執筆を続けてきた。ここに1つの形が整ったわけだが、この経験を広く共有することで、アジャイル開発による価値創造を加速していきたい。

現場で起こった生の体験が、皆様の今後に役立つ1つの糧になり、一緒にアジャイルの思想をさらに昇華させていく機会につながったなら、これに勝る喜びはない。

最後に今回の機会を提案いただいた日経BPの井上英明さん、そしてシグマクシス社内では、企画進行を一貫して担当してくれた戸田映さん、執筆経験のない我々の文章にプロの目線を入れてくださった瀬川明秀さん、内山そのさんに改めて感謝の意を伝えたい。

2022年4月吉日　シグマクシス　アジャイル開発マネジメントチーム

堀哲也、稲荷裕、木村秀顕、柴崎秀算、廣瀬志保、石橋正裕

用語一覧

MoSCoW（モスクワ）分析
以下の4段階で優先度を分類する手法。M（o）＝Must have（必須）、S＝Should have（推奨）、C（o）＝Could have（可能）、W＝Won't have this time（先送り）

MVP（ミニマム・バイアブル・プロダクト）
検証可能な必要最小限のシステム

PBI（プロダクト・バックログ・アイテム）
プロジェクト全体を通して、それぞれのイテレーションに割り振るタスク（作業）の塊

PO（プロダクトオーナー）
アジャイルチームの責任者。アジャイルチームのアウトプットを最大化する責任を負う

PPO（代理プロダクトオーナー）
POの代理としてPOの役務を実質的に遂行する

QCDS（品質・コスト・納期・スコープ）
プロジェクトの目的や特性に鑑み、優先順位を決めるトレードオフドライバーの4つの指標

SBI（スプリント・バックログ・アイテム）
PBIを各イテレーションで実行するタスクに分解したもの

SoE（System of Engagement）
社外にいる不特定多数の一般消費者が使うシステム。主にサービスシステムを指す

SoR（System of Record）

要件が明確で、主な利用者は社内に閉じるシステム。主に業務システムを指す

TDD（テスト駆動開発）

プログラミングする前に単体テストのテストコードを作成し、そのテストコードに合格するようプログラミングをする開発手法

UAT（ユーザー受け入れテスト）

開発したシステムが価値のあるものになっているかについて、リリース前にエンドユーザー自身が確認するテスト

WBS（ワーク・ブレークダウン・ストラクチャー）

ウオーターフォール型開発プロジェクトでよく使われる、スケジュール管理／タスク管理の手法。作業工程やスケジュールを細かく分解して記載する

アジャイルソフトウェア開発宣言

2001年に公開。17人のソフトウエア開発者が連名でアジャイル開発の定義と12の原則を示した。http://agilemanifesto.org/

イテレーション

アジャイル開発で設定する2週間から2カ月ほどの短期の開発サイクル。アジャイル開発手法の1つであるスクラムではスプリントとも呼ぶ

インセプションデッキ

プロジェクト関係者と向こう半年間のプロジェクトの方向性を検討・合意するために使うドキュメント。「全体像を捉える設問・課題」と「具現化させる設問・課題」がそれぞれ5つずつ、合計10個の設問・課題から成る

クリティカルパス

「前工程の完了をもって次工程を開始する」という工程間の依存関係を踏まえて開発工程をつなげたとき、所要時間が最も長くなる経路

シナリオテスト

業務シナリオをベースとしたシステムテスト

スクラム

アジャイル開発手法の1つ。数多くあるアジャイル開発手法の中で最も採用されており、約6割のアジャイル開発プロジェクトが使っているとされる。提唱者たちはウェブ上で『スクラムガイド』を無償公開している。

https://scrumguides.org/

ストーリーポイント

工数見積もりに使う相対的な数値。基準とするＰＢＩを１つ選んでポイントをつけ、それを基準に他のＰＢＩを相対的に評価する。積み重ねて全体の作業規模を見積もる

スプリントバックログ

ＳＢＩを一覧で整理したリスト

スプリントプランニング

イテレーションの作業計画を作成する作業。イテレーションの最初にＰＢＩをＳＢＩに分解する

スプリントレビュー

イテレーションの締めくくりとして開く、ステークホルダーへの進捗報告。対象のイテレーションで実装したユーザーストーリーを確認する

バックログリファインメント
作業計画の見直し作業。具体的には、「未着手ＰＢＩの詳細化」「詳細化したＰＢＩの工数見積もり」「ＰＢＩの優先順位入れ替え」などを行う

プロダクトバックログ
ＰＢＩを一覧で整理したリスト

マスタースケジュール
主にウオーターフォール型開発で用いる、プロジェクト管理用の工程表の一種。プロジェクト全体を俯瞰する目的で、開始から終了までのマイルストーンや主要工程を大まかに記載する

ユーザーストーリー
アジャイル開発における要件定義。「役割（誰が）」「要望（何をしたい）」「理由（なぜ）」の要素で構成され、ＰＢＩの多くを占める

ユーザー・ストーリー・マップ
業務フロー上に登場するＰＢＩをＭｏＳＣｏＷ分析のＭ／Ｓ／Ｃ／Ｗにマッピングした表

リグレッションテスト
プログラムの一部を修正したことで、修正箇所以外に想定外の不具合が生じていないことを確認するテスト

リファクタリング
保守性や拡張性の向上を目的として、複雑化したプログラムの内部構造を整理する作業

レトロスペクティブ
チームの生産性を高めるため、イテレーションの終了時に実施する振り返り

誰も教えてくれなかったアジャイル開発

2022年4月25日　第1版第1刷発行

著　者　シグマクシス
アジャイル開発マネジメントチーム
堀 哲也、稲荷 裕、木村 秀顕、柴嵜 秀算、廣瀬 志保、石橋 正裕
発行者　戸川 尚樹
発　行　株式会社日経BP
発　売　株式会社日経BPマーケティング
〒105-8308
東京都港区虎ノ門4-3-12
装　幀　松川 直也
制　作　株式会社日経BPコンサルティング
印刷・製本　図書印刷株式会社

本書籍に関するお問い合わせ、ご連絡は下記にて承ります。
https://nkbp.jp/booksQA

Printed in Japan
ISBN 978-4-296-11220-3